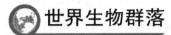
世界生物群落

淡水 Freshwater Aquatic
生物群落 Biomes

[美] Richard A. Roth 著
钟铭玉 译
张志明 总译审
包国章 专家译审

U0247699

长春出版社
全国百佳图书出版单位

图书在版编目(CIP)数据

淡水生物群落/(美)理查德·A.罗斯(Richard A. Roth)著;钟铭玉译. —长春:长春出版社,2014.6
(世界生物群落)
ISBN 978-7-5445-1987-8

Ⅰ.①淡… Ⅱ.①理…②钟… Ⅲ.①淡水生物–生物群落–研究 Ⅳ.①Q178.51

中国版本图书馆 CIP 数据核字(2012)第 158083 号

淡水生物群落

著 者:[美]Richard A. Roth		译 者:钟铭玉	
总 译 审:张志明		专家译审:包国章	
责任编辑:李春芳 王生团 江 鹰		封面设计:刘喜岩	

出版发行 **長春出版社**　　　　　　　　总编室 电话:0431-88563443
　　　　发行部电话:0431-88561180　　邮购零售电话:0431-88561177
地　　址:吉林省长春市建设街 1377 号
邮　　编:130061
网　　址:www.cccbs.net
制　　版:荣辉图文
印　　刷:长春第二新华印刷有限责任公司
经　　销:新华书店
开　　本:165 毫米×230 毫米　1/16
字　　数:183 千字
印　　张:14.25
版　　次:2014 年 6 月第 1 版
印　　次:2014 年 6 月第 1 次印刷
定　　价:27.00 元

中文版前言

　　"山光悦鸟性，潭影空人心"道出了人类脱胎于自然、融合于自然的和谐真谛，而"一山有四季节，十里不同天"则又体现了各生物群落依存于自然的独特生命表现和"适者生存"的自然法则。可以说，人类对生物群落的认知过程也就是对大自然的感知过程，更是尊重自然、热爱自然、回归自然的必由之路。《世界生物群落》系列图书将带领读者跨越时空的界限，在领略全球自然风貌的同时，探秘不同环境下生物群落的生存世界。本套图书由中国生态学会生态学教育工作委员会副秘书长、吉林省生态学会理事、吉林大学包国章教授任专家译审，从生态学的专业角度，对翻译过程中涉及的相关术语进行了反复的推敲论证，并予以了修正完善；由辽宁省高等学校外语教学研究会副会长张志明教授任总译审；由郑永梅、李梅、辛明翰、钟铭玉、王晓红、潘成博、王婷、荆辉八位老师分别担任分册翻译。正是他们一丝不苟的工作精神和精益求精的严谨作风，才使这套科普图书以较为科学完整的面貌与读者见面。在此对他们的辛勤付出表示衷心的感谢！愿本书能够以独特的视角、缜密的思维、科学的分析为广大读者带来新的启发、新的体会。让我们跟随作者的笔触，共同体验大自然的和谐与美丽！

　　本书有不妥之处，欢迎批评指正！

英文版前言

　　本书描述了包括湖泊、河流及湿地在内的淡水生物群落。这些生物带与陆地生物群落（如沙漠和热带雨林）和海洋生物群落截然不同。因此，它们在生物圈中占据着独一无二的位置。正如其他生物群落一样，我们的概念范畴比实际的生物界要简洁得多。生物界有波动的生理梯度，而不是清晰的分界线。因此会出现以下状况：淡水湖沼和盐水湖沼的含盐量处于一个连续体中；河边湿地有时也许是河流的一部分。尽管如此，概念范畴的使用还是有助于我们看清这个世界。在本书中，我们介绍了许多适用于淡水体系的概念。

　　正如常见的生物地理学把地球生物划分成不同群落的方法那样，我也按照常规将淡水生物群落分成三个主要类别：河流、湖泊及湿地。其中有一种生态环境不能轻易地归类于这三种中的任何一种，即盐湖。虽然它们不是淡水环境，但还是被列在本书中。因为，人们可能认为盐湖更像湖泊而不像海洋。

　　在每一种主要的淡水环境中，我们都深入地探讨三个实例。每一个实例我都从低纬、中纬和高纬的角度加以阐述。虽然这个方法与那本关于陆生群落的书中所采用的方法略有不同，但它展示了更广阔的淡水环境。例如，不同纬度的湖泊可能比不同大陆或不同生物地理带的湖泊包含更广的物理环境。

　　在有关河流、湖泊和湿地的章节中，我花费了大量篇幅说明生物在其进化的物理环境范围，同时也描述了生物适应环境的方法。例如，湿地环境的特点是低氧，尤其在基层，如何适应环境，才能使植物在那样的条件下生存下来。

在本书中，我试图从读者需要与能够接受的角度，尽力找到一般概念与具体表现之间的适当的平衡点。我还试图提供足够的专业细节，以便读者理解某一特定环境，从而不会带来不必要的理解障碍。

在此我要感谢这套丛书的主编苏珊·L.伍德沃德博士，感谢她的协助、指导，以及充满幽默的鼓励和许多有益的建议。

目　录

如何阅读本书

　　本书第一章是淡水生物群落概述，然后分别是关于河流生物群落、湿地生物群落、湖泊与水库生物群落的章节。尽管盐湖和人工湖（水库）不是淡水，但也被列在湖泊这一章。每个群落章节开始都是概况，接着描述每一种形式独特的物理和生物特点，然后对三个实例中的每一个进行详细阐述。每一章节及对每一地区的描述都能独立成章，但也有着内在的联系，在平实的叙述中，能够给读者以启发。

　　为方便读者的阅读，作者在介绍物种时，尽可能少使用专业术语，以便呈现多学科性，对于书中出现的读者不太熟悉的术语，在书后的词汇表中有选择地列出了这些术语的定义。本书使用的数据来自英文资料，为保证其准确性，仍以英制计量单位表述，并以国际标准计量单位注释。

　　在生物群落章节介绍中，对主要的生物群落进行了简要描述，也讨论了科学家在研究及理解生物群落时用到的主要概念，同时也阐述并解释了用于区分世界生物群落的环境因素及其过程。

　　如果读者想了解关于某个物种的更多信息，请登陆网站www.cccbs.net，在网站中列出了每章中每种动植物中文与拉丁文学名的对照表。

学名的使用

　　使用拉丁名词与学科名词来命名生物体，虽然使用起来不太方便，但这样做还是有好处的，目前使用学科名词是国际通行的惯例。这样，每个人都会准确地知道不同人谈论的是哪种物种。如果使用常用名词就难以起到这种作用，因为不同地区和语言中的常用名词并不统一。使用常用名词还会遇到这样的问题：欧洲早期的殖民者在美国或者其他大陆遇到与在欧洲相似的物种后，就会给它们起相同的名字。比如美国知更鸟，因为它像欧洲的知更鸟那样，胸前的羽毛是红色的，但是它与欧洲的知更鸟并不是一种鸟，如果查看学科名词就会发现，美国知更鸟的学科名词是旅鸫，而英国的知更鸟却是欧亚鸲，它们不仅被学者分类，放在了不同的属中（鸫属与鸲属），还分在了不同的科中。美国知更鸟其实是画眉鸟（鸫科），而英国的知更鸟却是欧洲的京燕（鹟科）。这个问题的确十分重要，因为这两种鸟的关系就像橙子与苹果的关系一样。它们是常用名称相同却相差很远的两种动物。

　　在解开物种分布的难题时，学科名词是一笔秘密"宝藏"。两种不同的物种分类越大，它们距离共同祖先的时间就越久远。两种不同的物种被放在同一属类里面，就好像是两个兄弟有着一个父亲——他们是同一代且相关的。如是在同一个科里的两种属类，就好像是堂兄弟一样——他们都有着同样的祖父，但是不同的父亲。随着时间的流逝，他们相同的祖先起源就会被时间分得更远。研究生物群落很重要的一点是："时间的距离意味着空间的距离"。普遍的结论是，新物种是由于某种原因与自己的同类被隔离后适应了新的环境才形成的。科学上的分类进入属、科、目，有助于人们从进化的角度理解一个种群独自发展的时间，从而可以了解到，在过去因为环境的变化使物种的类属也发生了变化，这暗示了古代与现代物种在逐步转变过程中的联系与区别。因此，如果你发现同一属、科的两个物种是同一家族却分散在两个大洲，那么它们的"父亲"或"祖父"在不久之前就会有很近的接触，这是因为两大洲的生活环境极为相同，或者是因为它们的祖先克服了障碍之后迁徙到了新的地方。分类学分开的角度越大（例如不同的家族生存在不同的地理地带），它们追溯到相同祖先的时间与实际分开的时间就越长。进化的历史与地球的历史就隐藏在名称里面，所以说分类学是很重要的。

　　大部分读者当然不需要或者不想去考虑久远的过去，因此拉丁文名词基本不会在这本书里出现，只有在常用的英文名称不存在时，或涉及的动植物是从其他地方引进学科名词时才会被使用。有时种属的名词会按顺序出现，那是它们长时间的隔离与进化的结果。如果读者想查找关于某个物种的更多信息，那就需要使用拉丁文名词在相关的文献或者网络上寻找，这样才能充分了解你想认识的这个物种。在对比两种不同生态体系中的生物或两个不同区域中的相同生态体系时，一定要参考它们的学科名词，这样才能确定诸如"知更鸟"在另一个地方是否也叫作"知更鸟"的情形。

第一章
淡水生物群落概述

淡水生物群落的生态环境

在有关地球生物环境的任何论述中都包含淡水生物群落。然而，因为生物群落这个概念是为了理解并归纳陆生生物环境而发展起来的，所以，淡水生物环境和海洋生态环境并不能简单地套用以陆地为基础制定的理论体系来阐述。气候是决定水生生态系统的因素之一，当然还包括当地的特殊条件，如水的化学性质、水文情况、地质干扰的类型和频率以及地质历史等。这一切就决定了生物群落的性质以及它和栖息地之间的内在联系，包括周围的陆生栖息地。

在本书中，我们用三章分别介绍三种淡水栖息地——河流、湿地及湖泊。

在本章中我们将为读者呈现上述三者共有的淡水生物群落的物质、生物方面的特性。至于河流、湿地及湖泊的详细情况，请看本书相关章节。

淡水水体的联系

在本书中，我们分别提到河流、湿地及湖泊，就好像它们是分开的、不同的实体。然而，在真实世界中，这种区分是模糊的。因为我们对地球体系如此了解，所以描述就变得简单了。真实世界既混乱又复杂，河流与湿地之间概念上的明显区别或者在地图上湖泊与周围高地之间清晰的界限在自然界中是很少见到的。我们之所以把复杂的东西简

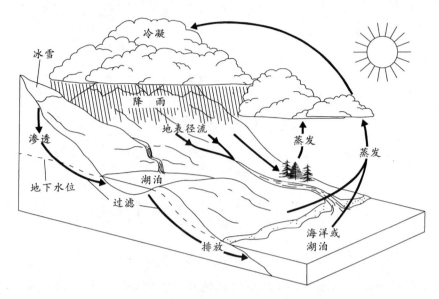

图 1.1　水循环　（杰夫·迪克逊提供）

化，是因为它有助于提高我们的理解力。

　　很显然，所有地表水（绝大部分地下水也同样）都是地球水循环系统中的一部分（见图1.1）。人们武断地认为这种循环是从水蒸发开始的：海洋中的水蒸发意味着它从液态转成气态。一些被蒸发的水被气流携带着飞向大气层，变成微滴（液体）或者是水晶颗粒（固体），然后突然降落到地面，这就是人们熟悉的雨、雪、冻雨、浓雾、冰雹等。

　　这些降水落到地表、森林、房顶及路面上。一旦着陆（或者一旦雪和冰融化），它就会立即流走，渗入地下，或者蒸发，又回到大气层。本书《淡水生物群落》在很大程度上涉及流走或渗入到地下的水。流走的水在地球引力的作用下，不断地向下流，或者流进小溪，汇入河流；或者聚集于池塘、湖泊、湿地等地表洼地。

　　渗入地下的水经过表面土壤等的过滤就像流走的水一样也会向低洼处流动，最终汇入小溪或河流体系如湖泊、池塘、湿地或海洋。这个过程用时多长取决于它流经的距离、地表环境的特点（如沙砾沉积、陶土层、沙土沉积或岩石）以及地势（多陡），可能需要几分钟、几年或几个世纪。

所有的水域，无论是海洋、湖泊、池塘、河流还是湿地，都因它们共同加入到水文循环系统而联系起来。这种联系对生物群是否有重大意义，取决于特定的水文过程和地质状况。

例如，洪泛平原被认为是湿地。尽管在河流水位下降，河水退出洪泛平原湿地系统之后二者没有直接的联系，它们仍被认为是河流体系的一部分。在洪水泛滥期间，河流和洪泛平原成为一体。河里的各种生物占据着洪泛平原及其湿地。这种占据会在特定的生物再繁殖循环系统中起到非常重要的作用。与此同时，洪水泛滥期间的河流也为洪泛平原湿地生态系统带来了沉积物、有机物质及各种营养成分。这两种可能被认为是不同生物群落的系统被紧紧地结合在一起（见图1.2）。任何湖泊都是由地表水，也就是河流系统的流入而汇集起来的。许多湖泊在湖水涨满之后也会流向河流，北美五大湖就是如此。这种水文上的联系也为营养物质交换、沉积物迁移以及各种生物分散到不同水域提供了途径。湖泊里的鱼有可能在湖的支流产卵。例如，美国西北部的上克拉玛斯湖的

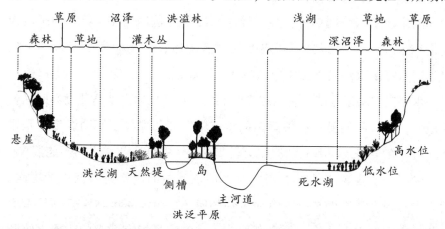

图 1.2 北美中西部典型河流的横断面。一年绝大部分时间水位低，很少出现洪水（杰夫·迪克逊提供）

几个亚口鱼种在威廉姆森河及斯普瑞格河产卵。大量鱼种在它们早期生活阶段占据着上克拉玛斯湖边缘这块剩下的湿地，这是很典型的。在经过成千上万年之后，这个生物群已经协同进化，利用大量的机会进食、分散、繁殖及栖息。这一切都是有内在联系的各种淡水水生环境所呈现的。

各种生物的适应条件

水生环境中的生物与陆生环境中的生物有很多明显且重要的不同。按照进化论的观点，水生环境是最初的环境：生命始于海洋。陆生环境是陌生的地方，生物不得不学习适应。

水生生物环境的物理特性

因为水生生物变得越来越复杂，所以其发展就涵盖了要适应水生环境的独特条件。下面我们将探讨一些水生环境的独特条件以及适应它们的方法。

水密度　水的物理特性之一是密度。密度就是单位体积的质量。在国际测量体系（公制单位）中，纯净水的密度是1 g/cm³；海水的平均密度是1.03 g/cm³，因其含有高浓度的可溶固体；淡水的密度与纯净水更接近。水密度大约是海面上空气密度的800倍。

水密度取决于温度。它在39.2℉（约4℃，只比冰点略高几度）时，密度最大。正如我们要在有关湖泊的章节中解释的那样，不同温度下水密度的差异在某些条件下的湖泊中会引起分层，并且层与层之间不能混合。

除了分层现象之外，水密度对生活在其中的生物还有其他的影响。因为水有密度，所以它能支撑住生物的躯体。自身密度与水密度没有太大差异的大型水生动物，不需要像陆生动物那样拥有沉重的肌肉系统和骨骼来支撑它们的身体。它们已经进化到用骨骼和肌肉组织支撑它们在水中移动（这比在空气中飞翔困难得多）。大型的水生植物也不像陆地上的树木那样需要坚硬的树干和枝条来支撑自己。

大多数（不是全部）水生生物都比水的密度高。如果一种生物的密度比水环境的密度低，它就会游到水的表面；如果它的密度高一些，就会沉入水底。因此，水生生物已经培养了各种适应能力来控制自己在水中的位置。

漂浮的大型植物（多细胞植物）有时候在根须间有气囊以确保它们停留在水面，而在相对浅的水域，它们也许会扎根。浮游植物即单一细胞光合作用植物，往往会比水密度稍大。因此，除非在湍急的小溪、河流中，否则经过一段时间它们就会下沉。但它们的生存需要阳光，至少在白天，它们要停留在接近水面的地方。因此，它们逐渐演化、适应以解决下沉问题。

一些浮游植物可以改变密度，就像一个热气球驾驶员可以改变气球高度一样。有些植物有气囊或液泡（细胞内充满气体的像小间隔层似的气囊），而这些气囊会根据光合作用的速度膨胀或收缩。白天，光合作用开始进行。在此期间，浮游生物接纳更多的物质，就像接收更多的重物一样。因此，细胞壁内的压力增加，使气囊压缩，相对密度大的碳水化合物分子形成，进一步增加了密度。当密度增加到一定量时，浮游生物就开始下沉。与此同时，光合作用的速度也下降了，细胞开始呼吸，细胞内的压力缓解，气囊膨胀。通过呼吸这个过程，一些物质被排出细胞体外（如同卸掉重物），植物再次浮到水面。许多浮游生物都是随着每日太阳的升起与降落，重复着这样的循环过程。

还有一种控制密度的方法。水藻可以分泌出一层黏膜，吸收并锁住水分，这就既能使细胞增大，又能降低密度。

其他的适应方法也有助于浮游植物停留在水中最适宜的地方（浮游动物也同样，需要漂浮在水面,因为那里有食物）。球体在水中的下降速度相对较快，但是不同于球体的其他形状下降速度相对较慢。果实比叶子下沉速度快。浮游植物通过形成群体，更接近叶子的形状。有些水藻也有刺或其他毛状的附加物，这些东西被认为有助于增加表面积，以阻止其下降。最后，有些水藻（还有许多浮游生物）能够推动自己，适应水中的位置。这样的水藻有一种被称为鞭状触须的附加物。它像鞭子，可以四处抽打并旋转，如同驱动器，会推动自己上升。

水中其他栖息物大多都能驱动自己并控制自身的深度，大多数鱼便是如此。最大鱼群即辐鳍鱼群，它们体内都有被称为气泡的器官。它们能膨胀或收缩以控制鱼的平均密度和浮力。鱼体内自生的气体充满气泡，或游到水面大口大口地吸气，然后再排出气体，鱼就是这样控制密度及浮力。其他的鱼存储比水密度低的脂肪使自己有更大的浮力。

水黏度 孢子生物所面临的在水中游动的问题与水的另一个特性有关，那就是水黏度。黏度被定义为生物漂流的内在阻力。你也可以把它认为是水的阻力阻挡物体从中穿过（或者物体是运动的，水是静止的；或者水是运动的，物体是静止的。这两种情况阻力都是相同的）。黏度归因于液体分子间的吸引力。不同类型的液体有不同的分子之间的吸引力。水有相对较强的分子吸引力：水分子喜欢彼此靠近。与此同时，水分子又小，易于使液体浓度降低。我们都体会过浓稠液体的黏度。我们也知道蜜糖和汽油都比水黏稠，这就是说它们不能像水一样轻易地流动。

水的黏度在某种程度上取决于温度：在冰点之上其黏度最大；温度越高，黏度越低。经常划独木舟的细心人会注意到冬天划独木舟要比夏天费力得多。

量化移动物体（独木舟或鱼类）与水的关系的方法之一就是雷诺数。雷诺数准确地描述了阻止物体在液体中运动的黏性力和物体惯性之间的平衡。惯性就是运动中的物体保持自身原有运动状态的性质。黏性力会使液体中运动的物体速度下降，而惯性使其继续运动。当雷诺数大于1时，惯性更大；小于1时，黏性力更大。例如，油轮的雷诺数极高，这么高的雷诺数使它在驱动器停转之后还能在水中滑行很长时间。惯性能使它继续运动，而能使它降低速度的黏性力却相对较小。划独木舟时，雷诺数较低，划船的人要不断地划桨才能保持速度。

雷诺数的大小部分地取决于该物体的体积。水中运动的物体体积越小，它的雷诺数越低。正如物理学家E.M.珀塞尔所指出的那样，像大肠杆菌这样在水中寄居的微生物雷诺数很低，大约 10^{-4}。这就意味着如果这样一种生物试图像人类一样用往复式动作游泳（也就是用手臂和腿来回划水），它就会感觉如同游在黏稠的蜜糖里，寸步难行。能够推动自己在水中游动的各种微生物都已经进化了一些有趣的方式来帮助自己。比如大肠杆菌就有可以旋转的螺旋状的附加物；还有鞭状体和纤毛（像短发一样的结构，有助于水中游动）也是那些小生物克服水中移动困难的方法。

温度 水有特定的热量，即能使一克物质升高1℃的能量。水能够阻止温度改变。大片水域如大湖或海洋会使其周围的气候变温和。虽然如此，中纬度地区的大片水域仍然会随季节改变温度。因此，水中的各种生物必须能够忍受这种温度的变化。

水生环境的许多方面也随温度改变而变化。中纬度地区的温度随太阳光变化，因为温度的变化靠太阳辐射。也就是说，在夏季当太阳光更强烈的时候，温度也更高。如上所述，密度会随温度改变，黏度也如此。水分解物质的能力也取决于温度。水温越低，它就越能容纳如氧气、二氧化碳等可溶气体。从生物学角度来看，这些气体都非常重要。

生物发展过程如新陈代谢、呼吸及光合作用都有最适宜的温度范围。超过或低于这个范围，都会影响生物生长。对于水藻来说，41℉~68℉（约5℃~20℃）是最适宜的温度，因此它的生长速度会成倍增长。不同的生物在不同的温度下生长、繁殖。冷水鱼类中的鳟鱼在61℉~64℉

(约16℃~18℃) 最适宜；温水性的蓝绿鳞鳃太阳鱼更喜欢50℉（约10℃）以上的温度。

光 光合作用是在太阳能的驱动下进行的，它是一个吸收并储存能量的过程。但是，因为水并不是完全透明的，所以，随着水的深度的增加，光线因为被水分子不断吸收及分散而变得微弱。深度每增加一个单位，光强度就降低一个百分点。这就意味着随着水的深度的增加，光强度的下降是显著的。有些物质已经被淡水分解并悬浮于其中（包括浮游生物），这就增强了对光线的吸收，缩短了穿透的距离。即使在极其清澈的水中，光线也几乎照不到330英尺（约100米）以下的地方。

有充足太阳光线进行光合作用的地带被称为透光层（见图1.3）。这个地带指的是从水表面一直到只剩下百分之一光线的地方。在这种光线

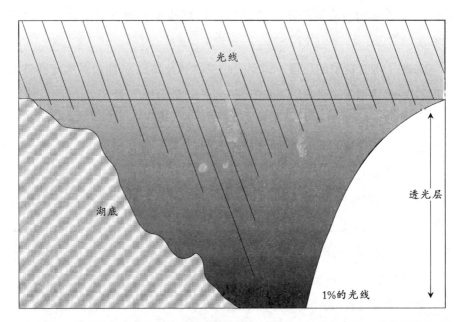

图1.3　透光层被定义为光线穿透水所能照射到的部分，它从表面一直延伸到光强度只剩下百分之一的地方。光线减少是指数分布的，因此形成J型曲线。特定光线百分比取决于水体能达到的实际深度的特定条件，例如，可溶有机物的含量、浮游植物的密度以及悬浮固体量（杰夫·迪克逊提供）

下，光合作用大约等同于呼吸。透光层是浮游植物或者说任何植物都能生存的地带。

水的透视度即传导光线的能力，可以用一种被称为塞奇盘的简单仪器测量。这种圆盘黑白相间，辨识度很高。测量时它被放入水中，缚在上面的线有刻度。所以，当塞奇盘在人们的视线中消失时，这个深度（即塞奇深度）就被记录下来。根据经验，透光层可向下延伸至2~3倍的塞奇深度。

自然水域的化学特性

人们都知道水是万能溶解剂，因为几乎任何物质都可以在水中溶解。这意味着人们可以在水中找到任何一种化学物质。其中一些对淡水生物群的生存、繁衍有非常重要的意义。

盐是可溶性固体，一旦分解，就分成了正负带电粒子，分别称为正离子和负离子。例如，盐（氯化钠）可以分成正带电钠离子及负带电氯化物离子。其他来自可溶盐并含有离子的化学物质包含了一些重要的植物营养成分：钙、硫酸盐中的硫、硝酸盐中的氮,以及磷酸盐中的磷等。

可溶盐的浓度通常是由水中电流与在特定距离内测量水的传导率决定的。传导率与阻力成反比。离子传导性强，而纯净水却相反。所以，水的传导率是测量离子是否聚集在一起的好方法。传导率受温度影响。因此，测量时要把这一点考虑进去。传导率的单位为μS/cm，低浓度可能是50μS/cm，而高浓度如海水是32000μS/cm。犹他州大盐湖的浓度是158000μS/cm。湖泊中可溶盐的浓度是由以下因素决定的：水域的大小及地质状况、土地使用、人类在水域中的活动、大气沉淀物、湖泊中尤其是下层滞水层中的生物过程以及水蒸发等。蒸发可以浓缩水中剩下的可溶物质。这就是干旱地区的湖泊大都是盐湖的原因。如大盐湖，处在干旱地区，蒸发速度相对比降水速度快。

与可溶盐有密切联系的是可溶固体总量。这是水中所有可溶固体的总浓度。在自然水域中，可溶盐是最主要的成分，但还会有一些其他的成分存在。例如，可溶有机化合物和带有毒性的有机污染物。当传导率常常被用来测量可溶固体总量时，它确实只是在测量离子的浓度。另外一个更准确的测量方法是蒸发一份已知水样的水并分析残留固体。

可溶盐的高浓度对于大多数水生生物来说是一种严峻的挑战。大多数生物细胞通过对细胞壁的内部施压来保持结构完整。在水生单细胞、多细胞生物中，这种压力是由细胞核之间的渗透差异造成的。这种细胞离子浓度较高，而周围的水域离子浓度相对较低。如果这样的生物被放入盐水中，水分子就会通过渗透（游向离子浓度高的地方），穿越细胞壁，细胞就会脱水。另外，无机离子也会穿越细胞壁进入细胞。而它们一旦超过一定浓度就会有毒。

喜盐的单一细胞生物通过保持其内部高浓度离子水平来适应这一环境。钾离子似乎是小水域中保存钠离子的最好武器。这样的生物被称为适盐生物。其中有些生物可容忍高浓度盐（兼性适盐生物），而有些生物需要高浓度盐的环境（专性适盐生物）。

适盐植物在细胞上运用同样的方法适应含盐条件。另外，许多含盐植物具有专门的细胞或器官分泌盐以防止它们集结，还有其他一些细胞能阻止盐进入植物内部，尤其是防止进入植物的根部。栖息在盐水中的动物一般可以通过控制体内离子浓度来适应这种条件。如像海洋浮游动物这样的低级动物会使体内离子浓度水平和周围水域保持接近。较大的高级动物都有专门的调节器官，其功能如同人类的肾，可以调节体内盐的浓度，排出过多的盐。然而，在盐水湖中盐浓度极高的情况下，几乎没有什么生物可以幸存下来，但盐水虾是个例外。它是卤虫属甲壳纲动物。这些小生物能生活在不同浓度的盐水中，包括很高的浓度。在盐浓度超高的环境下，缺乏竞争者和水生食肉动物使盐水虾得以大量繁殖。

有趣的是，咸水鱼和淡水鱼体内含盐量竟然相同。咸水鱼吸收的盐量是淡水鱼类的3倍，因此它们必须用专门的器官收集、传送并分泌这些盐。因为渗透压力，它们不断受到"入侵"。淡水鱼的问题正相反，它们体内含盐量高意味着其不断受到被所处水域"浸透"的威胁，它们也必须收集并排出这些水。

pH值对许多生物发展过程有重要意义。pH值的功能是衡量溶解物质（金属、营养物质及有机化合物）可溶度的高低。假设营养成分的利用率依赖于它的化学形式，而这种形式是由pH值决定的，那么很显然pH值是决定某个水域生存什么生物，这种生物繁殖量多大的关键因素。

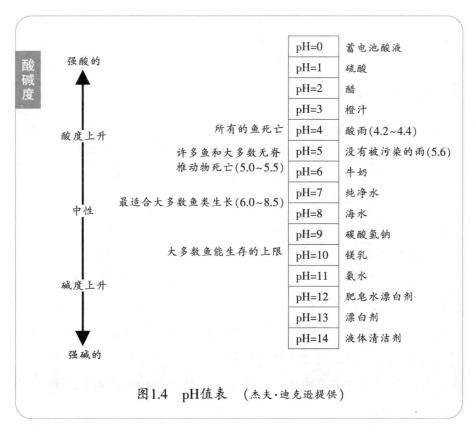

图1.4　pH值表　（杰夫·迪克逊提供）

酸碱度是用来描述水中离子平衡度的；水中酸碱度的高低由pH值标明。pH值的范围（见图1.4）从0～14。pH值是游离氢离子浓度的负指数，并能反映氢离子和氢氧化物的平衡。如果这些是平衡的，那么pH值就等于7，水就是中性的。如果氢氧化物离子多，那么水就被认为是碱性的（pH＞7达到14）。如果氢离子占多数，pH值将会少于7，表明是酸性水。因为pH值反应指数值，所以它是对数比例尺。尺上的每一个整数表示氢离子浓度的10倍的差异。

例如，钙是骨骼和贝壳形成的必要元素，它的生物利用率在酸性水中会降低。相反，金属的生物利用率在不断增强的酸度中会加强（pH值降低），这也许会产生毒性。

在湖泊中，鱼是最受关注的。pH值在6～9最适合大多数鱼类的生长。不同鱼类对酸碱的承受度不同。在同一种鱼类中，不同生命时期承受度也不一样。例如，生长期可承受的pH值和繁殖期的pH值就不一样。水生生物及群落的生存会受到酸雨及采矿所造成的酸化淡水的影响。

湖泊的pH值是可变的，它取决于一些因素。其中之一就是水域的地质构成。像石灰岩、白云岩这样的岩石，当它们溶于水之后，水中的氢离子就消失了，结果导致水呈碱性。由流经这些岩石的地下水及小溪汇集而成的湖泊也易显碱性。这样的湖泊在面临酸雨（无论是自然的还是被污染的）时就会阻止其酸化。自然界的降雨呈微酸性（pH值5.6），因为水中的二氧化碳形成碳酸。燃烧燃料所导致的空气污染会急剧提高空气中的含酸量，降低酸雨的pH值；有些地区pH值竟为3。因此，这些地区湖泊的酸化现象是常见的。水中植物可溶性有机碳的含量高也会使一些湖泊酸化，而工业生产排放出的污染物也可能改变其他湖泊的pH值。

生物过程也会改变pH值。光合作用利用水中的二氧化碳，pH值就升高；呼吸将二氧化碳释放于水中，pH值就降低，酸度增加。在湖泊的透光层，pH值每日波动。

气体也溶于水。与大气层相关的表面水域会大量地溶解气体，却不能准确地反映大气层的化学构成。大气层包含78%的氮气、21%的氧气。其他气体占比例较小，如氩气、二氧化碳及一些微量气体。可溶性氮气在水生系统没有什么重要性，氧气却有重要意义。

大多数生物需要氧气释放其储存于碳基分子中的能量，而碳基分子可构成它们的食物。这个过程就是呼吸。从化学角度来说，它是逆势光合作用。在光合作用中，植物运用太阳能，使二氧化碳与水结合，产生碳水化合物。在呼吸过程中，植物、动物及其他生物利用氧气把碳水化合物分解成二氧化碳和水，释放能量。

包括氧气在内的各种气体溶于水的能力与温度成反比：温度越高，可溶性气体含量越低；温度越低，含量越高。如果可溶性氧气浓度以毫克/升为单位测量，在特定温度下处于最大值的状态就是饱和状态。在海平面，冰点以上的液态水氧气浓度达到大约14.6 mg/L的最高饱和状态。这个高度随温度上升而成比例地下降。海拔高度、大气压力也会影响饱和度：大气压力随着海拔下降而升高，所以任何特定温度下的饱和度也随之下降。

其他影响水中氧浓度的因素是生物活动。植物不管大小在光合作用（利用溶于水的二氧化碳）中都会产生氧气。当光合作用在水中进行时，氧含量上升，微生物、植物及动物都利用氧气呼吸；这个过程降低氧含量。

在湖泊靠近水面的区域，被生物活动消耗殆尽的氧气得到来自大气层氧气的补充。但由于氧气在水中扩散速度慢，因此必须有不同水层的物质相混合，才能使氧气进入深水区。湍急的河流中有充足的氧气，而湖泊却不是这样，因为各种物质没有充分地混合，尤其是在热分层阶段，氧含量被严重消耗。在光合作用不能发生的深水区，腐烂动植物的分解却照常进行。光合作用发生的地方，氧含量每日循环上升或下降，各种生物也找到了各种办法适应这种循环。

除了少数几种生物之外，几乎所有的生物都需要氧气才能生存。但是，相对于大气来说，即使在最好的条件下，水中的氧含量仍然相对较低。对于大多数鱼类来说，最适宜的氧含量是7~9mg/L。鳟鱼所喜欢的凉爽、湍急的溪流中含氧量是9~12 mg/L，这已接近淡水环境下的最高值。在不那么有利的条件下，氧含量可能降低。结果，鱼和其他生物或者迁移到氧气多的地方，或者死亡。

水生生物需要将氧气输送到自己体内。许多生物利用身体的皮毛呼吸，这意味着它们没有专门的呼吸器官，而是通过身体表面（皮肤或细胞壁）吸入氧气。对于浮游动植物这样的小生物来说，这不失为一个好方法。因为生物越小，它的表面积与身体体积的比率越大。如果一种生物很小，它就没有必要拥有专门系统输送氧气，因为氧气很容易扩散到细胞内。

这样被动获得氧气的方式有一个缺陷：溶于水中的氧气不能像空气中的氧气那样扩散得那么快。因此，一种水生生物很容易通过呼吸消耗掉其周围的氧气，从而在它周围形成低氧层。

水生生物在进化过程中已经摸索出一些方法来保持水流动并防止形成耗氧层。多细胞生物（尽管很小）凭借四处游动或简单地弯曲身体，利用皮毛呼吸解决这个问题。像鱼这样较大的生物拥有更高级的方式处理氧气需求问题。其中有一些会定期游到水面呼吸大气中的氧气。还有一些节肢动物能留住并储存体外的气泡，就像水肺潜水者一样。例如，源于陆生螺的肺螺在它们贝壳下的空腔内储存空气，这使它们能在湿地（缺氧的环境下）生存。有些昆虫有状如水下呼吸管的附加物，这种东西可使它们在水下获得空气。

其他生物利用水中溶解的氧气生存。鱼类有复杂的呼吸器官——鱼鳃，它能大面积地增加氧气扩散的水域表面。它们利用水流经鱼鳃的方式加快氧气扩散速度。其间它们或者摆动身体的某一部分，或者向前游，或者两种方法都用。许多水生昆虫的幼虫和其他微无脊椎动物也是利用鱼鳃结构呼吸、生存。

淡水环境中的生物

病 毒

病毒的长度极短（30~300微米），而且没有细胞结构。但是从它们可以自我复制并进化这个角度来看，它们又是有生命的。虽然自己没有细胞结构，它们却能寄生在其他生物的细胞内。病毒无处不在，并且给寄生的生物带来疾病。

细 菌

细菌大量地栖息于淡水系统，尤其是栖息于有机碎石上，这样有助于沉积物和生物膜的分解。生物膜覆盖在所有被淹没物体的表面，这些表面包括河水中的岩石和砾石颗粒或湖底、鱼皮、大木片以及船的侧面。在水层中，它们的浓度较低。大多数细菌以被分解的有机物为食（DOM）。自养的藻青菌或者蓝绿藻，尤其在营养丰富的水域是主要的浮游植物。

真 菌

在淡水环境中有很多真菌，但是丝孢菌类真菌是最重要的。这些微小的生物占据着小溪中的枯叶、木头和其他有机碎屑，软化较硬的成分，使其变成对于无脊椎动物来说更可口、更有价值的食物。它们的大量孢子也成了食碎屑动物专门的食物。

水 藻

水藻是单一或多细胞生物，大多数都是极其微小的植物。它们与藻青菌一起是淡水体系中最主要的自养生物（通过光合作用能产生碳水化合物的生物）。人们可以根据水藻的栖息地将其归类。周丛生物或称为周丛水藻处于基层（岩石、沉积物或水生植物表面）；浮游植物或浮游水藻悬浮于水层中。

周丛生物即生物膜的植物成分是由硅藻（硅藻纲）组成的。这些美丽的生物膜是由一个玻璃（二氧化硅）壳内的单一细胞构成。不同种类的硅藻壳（硅藻细胞）有独一无二的形状和样式。共同之处是它们都由能合到一起的两半组成，就像装帽子的盒子与盖子一样。有些作者将其归类为周丛生物绿藻和蓝藻细菌。

根据严格的定义，浮游植物浮于水层中的、极小的单细胞植物。然而，其他浮游生物包括原生生物和蓝藻细菌。许多浮游植物尤其在激流之中是独立的周丛生物。

大型植物

大型植物是在水生环境中起关键作用的较大的多细胞植物。从生长形式来看，大型植物有的露出水面，有的枝叶漂浮，还有的自由漂浮或淹没于水中。枝叶漂浮的植物类似于有根的，其叶子在水面上漂浮，但不能飘得很远；自由漂浮的植物没有根，因此可以在水面自由漂浮并常常能形成大的漂浮丛。而其他的生命形式也会在这上面产生（正如在许多热带淡水环境中）。水下植物是有根的，但完全处于水下。

主要的大型水生植物包括苔藓植物（苔藓和叶苔，一般都在湍急的浅水区域）、被子植物（开花植物）以及一些不用显微镜也能看清楚的水藻种类。淡水环境中大型植物的多少与分布的区域取决于几个因素。光线的可用性限制了阳光照不到的溪流中大型植物的生长，并且水深及水的浑浊遏制了许多大河流和湖泊中较浅河床地区种群的数量。大多数大型水生植物不能适应水流速度过快，因此它们可能被限制在河流的死水河床边缘以及湖泊的小水湾地带。基层条件通常不适合微植物的繁殖，在养分缺乏的水生环境中，获得的营养是有限的。

原生动物

原生动物是像纤毛虫（有茸毛结构的原生动物）一样的单一细胞动物。尽管有些可用裸眼看清，但其中大多数是极其微小的。它们更偏爱水流平缓的水域，即水中悬浮物质可以沉积的地区。有些原生动物以细菌和水藻为食，有些以捕食其他动物为生，还有的食寄生虫。而原生动物反过来也是许多小的无脊椎动物（如双翅目小昆虫幼虫）的食物。

轮　虫

轮虫用裸眼几乎看不清。这些小动物在大部分淡水环境中是浮游动物很重要、很丰富的组成部分。它们构成了一些鱼类的主要食物来源，而轮虫则主要以水藻、细菌和一些更小的动物为生。

扁　虫

在小溪和河流中，涡虫（三肠目）是这类动物中最重要的代表，其中许多偏爱冷水。因此，人们可以在河流的源头地带找到它们的身影。它们大多数都是扁平、丝带状的虫子（0.2~1.2英寸或约5~30毫米），涡虫在底层滑过，以腐物为食。

线　虫

线虫极其微小，不分节。它们种类繁多，无处不在。它们栖息于海洋、陆地和淡水环境中。其中许多是寄生的，但有些非寄生的生活在淡水环境中。它们是微生物链条中的一部分。

环节虫

在这个大的门类中，出现在淡水中的有两种：寡毛纲环节虫和蛭纲动物（水蛭）。大多数寡毛纲环节虫是食碎屑动物（沉积层中以腐物为食的动物）。有些水蛭是食腐动物，其他是寄生的。环节虫能适应氧含量低的生存条件，如果它们占主导地位，那就说明水的质量很差。

海　绵

尽管这类成员通常与海洋环境有关，但全世界的淡水环境中还存在着大约150种海绵。从形态结构来说，它们是简单的生物，长短从不到1英寸（约1~2厘米）到3英尺（约1米）。根据寄居在其身上的水藻的颜色判断，它们可呈棕色、绿色和黄色。它们依附在木片或其他相对来说平稳的基层上，靠过滤水藻、原生动物和细颗粒为生。

软体动物

淡水环境中普遍存在着两种软体动物：腹足纲软体动物（蜗牛和帽贝）和瓣鳃动物（双壳蚌和河蚌）。蜗牛以周丛生物为食，有时也以碎石为食，它们是食草性或杂食性的动物。大多数双壳蚌是滤食动物，过滤水藻、细菌以及有机碎石。这样，它们在降低水的浑浊度，尤其在湖泊环境中起到重要的生态作用。反过来，河蚌又是鱼、鸟、龙虾、乌龟和哺乳动物（浣熊、麝鼠、鼬及水獭等）的猎物。

甲壳纲动物

在已知的大约4万种甲壳纲动物中，只有大约4000种生活在淡水中。

数量较多的有等足类动物（潮虫）、端足目动物、十足目动物（淡水螯虾及蝲虾）以及一些蟹类。淡水等足类动物和端足目动物栖息于干净、寒冷的水域，是杂食性食腐动物。十足目动物是食碎屑动物、食草动物和食肉动物。有的在生命的不同阶段改变了饮食习惯。所有这些都是相对来说隐秘的底栖动物。有些等足类动物和端足类动物也生活在潜流带。反过来这些生物也是各种食肉动物（鱼、鸟、蛇和哺乳动物）的猎物。

几种微甲壳纲动物的分类在淡水生态系统食物网中起着重要的作用。这些成员中包括介形亚纲（有时就是人们熟知的种虾或蚌虾）、鳃足类（仙女虾、水蚤）以及颚足纲（包括大量的桡足类）。在溪流环境下，它们栖息于水流平稳区域，以有机颗粒和单细胞动植物为食。

昆 虫

这个巨大种类的绝大部分是陆生的。但水生昆虫在大多数河流和小溪中是无脊椎动物的主体。大部分昆虫，除了幼虫阶段之外，其他阶段并不生活在水中。然而，对于有些昆虫来说，幼虫阶段和相对短暂的成年期相比要漫长一些。下面我们将介绍在淡水体系中起重要作用的主要昆虫种类。

蜉蝣（蜉蝣目） 蜉蝣包含300多属和2000多个种类。除南极洲外，任何大陆都可发现它的身影。大多数种类属于专性河流栖息者，只有几种栖息于湖泊和湿地。蜉蝣以成年期短暂闻名（几小时到几天）。成年蜉蝣不吃东西，而是四处寻觅配偶。在成功地找到配偶并交配之后，它们就死掉了。水生幼虫大多数是食草和食腐动物，几乎没有食肉动物。人们可以在所有淡水区域发现蜉蝣，它是鱼类的重要食物来源。

石蛾（毛翅目石蛾） 石蛾是一个大昆虫目，已被描述的种类有10000种。实际上估计全球现存的石蛾种类是这个数量的几倍。它们状如飞蛾。与其他昆虫目不同，它们的幼虫都是水生的。然后成年虫出现了，有时成群出现，交配后死亡。石蛾占据着淡水栖息地的所有领域，并且进化了各种各样的生物特化方式/形式。有些石蛾是食肉动物，有些织网收集细小的有机物颗粒（EPOM），有些像牛一样在生物膜上啃食，有些咬碎细菌和水藻，还有几种看管原生动物和水藻花园。所有的石蛾都能吐丝并且大多数会利用丝来筑巢。而它们自己就像隐士那样住在里面，经常把一些有机碎屑和小沉积物颗粒带进去。它们是鱼类的主要食物来源，并且分布很广。

石蝇（翅目） 正如名字所体现的那样，石蝇往往栖息于多岩石、多沙砾的基层，也就是水的源头。那里含氧量高，水温低，而这些条件事实上就是大多数石蝇所需求的。将近2000种石蝇都集中于中、高纬度地区。成年石蝇的寿命与幼虫期相比较短。石蝇展示了其饮食喜好的范围：有些是食碎屑动物，它们的生命循环就是利用秋季落入溪水中的树叶；其他的是食肉动物，如蠓和蚋的幼虫；有些种类在生命之初是食碎屑动物，但随着它们的成长却变成了食肉动物；其他种类吃它们所能发现的任何东西。幼虫卵以及成虫会成为各种鱼、鸟、两栖动物以及较大的无脊椎动物如具角鱼蛉等的食物。

蝇（双翅目） 尽管许多飞行的昆虫被称为"会飞的东西"（如蜻蜓、蜉蝣和石蛾），但只有那些属于双翅目的昆虫才真正会飞。双翅目包括几万个种类，如令人讨厌的——伊蚊、蚋、蠓马蝇以及鹿蝇。其中许多在幼虫期是水生的，有一些只在流动的水（激流）中出现（例如蚋的幼虫）。在淡水环境中这个重要家族包括：蚋，已知大约1650种；蠓，已知大约20000种；大蚊，已知大约15000种。蚋的幼虫几乎都是滤食动物，它们出现在高密度的水生环境中，并且是鱼、鸟和较大无脊椎动物的猎物。

蠓分布广泛，并占据了水生栖息地的各个地方。它们大多数是"收集家"，以细小的有机微粒为食，其他的啃食有机膜，还有的在大型植物中挖洞或吃木头，还有一些是食肉动物。而大量的蠓本身会成为较大无脊椎动物、鱼、两栖动物和鸟的猎物。

甲虫 是地球上占主导地位的生命形式，所有动植物中每五种就有一种是甲虫。除了辽阔的海洋之外，几乎所有的栖息地都有各种各样甲虫的身影。对于任何一种可能的食物来说，大概都有至少一种甲虫以它为食。

甲虫种类的纯粹数字引出了生物学家J.S.豪尔丹的著名论述：人们对自然界的研究表明，造物主"极度喜欢甲虫"。已被人类描述的甲虫有30多万种。根据实际存在的状况，甲虫的真正数量是这个数字的许多倍。甲虫栖息于除南极洲之外的每一种陆生环境中。因此，有一些（但不是很多）甲虫是水生的并不令人惊讶。水生环境中，人们熟悉的甲虫包括遍泥甲、浅滩甲虫、潜水甲虫和豉甲。水生甲虫有可能是食碎屑动物、食草或是食肉动物。但有些甲虫在生命的不同阶段会改变饮食习惯。

蝽（半翅目） 这个目含有3000多个栖息在水中或水上面的种类。最引人注目的是巨水蝎（负子蝽科）或称为"咬脚趾的东西"。这种东西正如它的名字所说的能使人遭受痛苦的叮咬。正如其半翅目同类一样，它拥有强而有力的钳子，因为它是食肉动物。据报道，很少有像水蝎那样大到能攻击鱼、青蛙或水蛇的半翅目昆虫。这一目中其他家族成员包括黾蝽（黾蝽次目）、仰泳蝽和水蟋蟀（蝎蝽次目）。

蜻蜓科、蛇蜻蜓及鱼虫（广翅目） 这个物种中等大小，大多数属于陆生目，其中包含一些淡水环境中著名的水生昆虫，尤其是巨大而贪婪的蛇蜻蜓幼虫，也被称为具角蛉。具角蛉是需要人们小心对付的昆虫。作者就曾亲眼看见一只巨大的蛇蜻蜓张开它强有力的虎钳牙，插入人的肉体吸血。在其早期的幼虫阶段，大多数广翅目昆虫往往以碎石屑为生；然而，在它幼虫阶段的后期，大多数广翅目昆虫变成了食肉动物，以无脊椎动物为生。蜻蜓科、鱼虫和它们的亲戚具角蛉有很多相似的特点。

蜻蜓科和豆娘（蜻蜓目）　即使是不常出现的观察者对这一目的成年成员也很熟悉。大多数人看到的是它们有翅膀的成年样子，其中包括很多大蜻蜓和颜色艳丽的豆娘。它们在水生、幼虫及成年期都是效率极高的食肉动物，先以水生无脊椎动物和有脊椎动物为食，后来以捕捉长翅膀飞行的昆虫为食。而它们自己则会吸引大规模鱼群，并最终成为鱼群的猎物。

脊椎动物

鱼　无论从在淡水食物网中的重要地位，还是从人类对它的兴趣来看，鱼都是水生环境中占主导地位的生物。所有的鱼都是专性水生的。尽管其他脊椎动物栖息于淡水中或淡水的周围，并且是水生食物网中的一环，但相对来说，它们中几乎没有一种一生都生活在水中。

鱼是一个很大的种类，已被人类认知的大约有25000种鱼。其中，大约1万种以上的鱼属于淡水鱼。还有1%的鱼游走于淡水和海洋之间。淡水鱼几乎适应了地球上每一种淡水环境。它们大小不同：从不足0.5英寸（大约1厘米）到像鲸鱼，身长39英尺（约12米）。其形状也各不相同：有的像圆盘、铅笔、盒子、擦鞋垫，还有的像篮球。有些鱼有鱼鳞，有些鱼却没有；有些鱼颜色极其艳丽，有些是黄褐色的。有些以植物（食草的）为食，有些以无脊椎动物为食，有些吃碎屑，有些吃其他的鱼，还有些吃人类。很多淡水鱼都是硬骨鱼，是真骨总目的成员。它最重要的分支是真骨鱼亚派或硬骨鱼。

其他淡水鱼与硬骨鱼关系不那么密切。例如，有些七鳃鳗栖息于淡水，它们属于七鳃鳗目。这个目的鱼以没有上下颌为特征。软骨鱼的代表，即人们知道的鳐，栖息于淡水中。原始鱼现在还存在，像它们的祖先那样幸存下来。其中包括角齿肺鱼目和美洲肺鱼目中的几个肺鱼种。

还有鲟目，其中有24种价值很高的鲟和长相奇特的白鲟。其他11种原始鱼，包括多鲈鱼和多鳍鱼目的芦鳗（匙吻鲟科），还有食肉的、呼吸空气的长嘴硬鳞鱼（7种）和半斑目的弓鳍鱼（1种）。

与硬骨鱼相比，我们刚刚提到的那些鱼尽管有趣，但变化不大。硬骨鱼包含38个目，426个科，23600种。其中22000多鱼种是真正的硬骨鱼。骨镖总目的成员（4000种）统治着淡水水域。这一大类包括鲤形目（鲤科的小鱼和鲤鱼），其中有淡水鱼中最大科——鲤。然而，鲤在南美却没有代表。南美鲑鲤科在功能上似乎是鲤科的同类。脂鲤目是一个很重要的热带目，它包含不知名的栖息于亚马孙流域和其他地方的水虎鱼。鲶鱼（鲶目）数量种类之多令人惊讶。

硬骨鱼的另外一大类（总目）被称为原棘鳍总目。它包含几个重要的淡水科，鲑形目就是其中之一。白鲑、茴鱼、嘉鱼、鳟鱼以及鲑鱼都属于这一目。鲈形总目包含12000多种，大多是海洋中的鱼种，但也有一些重要的淡水鱼。事实上，这类鱼中的鲈形目，不仅仅是淡水鱼中最大目（148个科，9300种），而且是任何脊椎动物中最大目的。其中有棘臀鱼科，其成员包括太阳鱼、刺盖太阳鱼、钝盔太阳鱼及黑鲈。它是北美鮟鱇鱼喜爱的食物。鲈科包括河鲈和镖鲈。在美国的田纳西河谷，人们可以发现各种河鲈和镖鲈。最具说服力的鱼科有1500多种，它们在热带也是很重要的，尤其（但不排他）在非洲。在一些湖泊中，大多数鱼种都是当地特有的。棘臀类热带淡水鱼有极多种类，大小不同、形状各异、颜色及行为（交配、养育策略等）也差异很大。

两栖动物 所有两栖动物都需要某种形式的淡水栖息地，以便在它们的一生中至少有一部分时间生活在其中。它们中许多偏爱静水栖息地。无尾目、蛙及蟾蜍三个目中的成员，蚓螈目、蚓螈以及有尾动物蝾螈和水螈，这些两栖动物一生中都有部分时间栖息于流水栖息地。很多蛙和蟾蜍在溪水或淡水水域边缘繁殖。许多两栖动物一生都生活在淡水水域。蚓螈是无腿生物，大多数生活在土壤中，并能在其中快速移动；但也有些生活在水中。有尾动物包含一些种类，如一些黑色的蝾螈（脊口螈属）是专性水生动物，也就是说它们必须一生都栖息于水中。然而，即使那些陆生的两栖动物也会利用淡水环境来繁殖下一代。有些蝾螈或者凭借体积较大（例如，大鲵）或者凭借在地势低的水域中大量繁殖，而在激流中成为很重要的食肉动物。水生体系（不论是激流或是静水）中的两栖动物往往在幼虫期是食草的，成年期是食肉的。

爬行动物 一些爬行动物，尤其是鳄形目、蛇科（有鳞目）以及淡水龟（龟鳖目，有时指的是龟类）都在淡水食物网中起着重要作用。鳄鱼、短鼻鳄以及相关种类都是以无脊椎动物和鱼为食的贪婪的食肉动物，尤其在它们生命的早期。一些鳄鱼和短鼻鳄会长得很庞大，它们很可能对鱼的总数影响巨大。它们大多数栖息在地势较低、水流平缓的小溪、河流、湖泊、池塘和湿地中。蛇几乎都是食肉动物。北美淡水龟往往是杂食性的。令人害怕的短鼻鳄吃鱼、无脊椎动物以及其他物种，体重平均175磅（约80千克）。

鸟 许多鸟生活在河边、湿地以及湖面或湖边，在许多情况下，它们作为高级食肉动物，是水生食物网中的一员。鸭子、鸽子以及其他水鸟在河流、湖泊的浅水区觅食。鹰、鹗、翠鸟以及各种从水上掠过的鸟都是吃鱼的。但它们并不仅仅局限于水生栖息地，而且也不会在水中度过很长时间。水生昆虫幼虫长大之后是许多鸟的猎物，但鸟本身并不是水生的。

然而，许多种鸟被认为是真正水生的。因为它们一生中的很长一段时间都是在水上或水下度过的。在这里，它们就像在空中一样追逐鱼。有些水鸟偏爱流动的水，甚至湍急的流水。河鸟快速地在水下掠过或游过，一般在地势较低的小溪寻找昆虫幼虫，偶尔会吃鱼或甲壳纲动物。也有一些鸭子在湍急的河流中寻找无脊椎动物。下面介绍一些与淡水环境有关的鸟类。

潜鸟目 所有的潜鸟都是水生的，很少有岸上的。它们栖息于北半球高纬度地区的湖泊、湿地及河流。它们利用强有力的脚在水下驱动自己，以各种水生生物为食，主要是鱼、两栖动物和甲壳纲动物。

鹏鹏目 大约20种水鸟及新西兰水鸭。这些鸟的家在水中，陆地上找不到。它们在南北半球分布很广。

鹈形目 50多种水鸟包括著名的鹈鹕。大多数是海鸟，但鸬鹚是人们熟悉的淡水鸟，主要以鱼和水蛇为食。

鹳形目 大型涉水鸟。腿细长，嘴很特别。它包括鹳、鹭、白鹭、林朱鹭和蓝鹭。它们在湖泊的边缘地带、缓慢流动的河流以及湿地地区，捕食鱼、甲壳纲动物、两栖动物和其他猎物。

红鹳目 也叫火烈鸟。这一目只有一科一属，六个种类。这些长着长脖子、羽毛鲜艳、在水上飞行的鸟广泛地分布在非洲、欧洲及新热带等地区。尽管大多数可以生活在含盐环境下（盐湖），但它们有时候也会大量出现在淡水湿地和湖泊的边缘。

雁形目 雁形目包括鸭子、鸽子和大雁。鸭科包含140多种人们熟悉的水鸟。它们分布广；有的非常善于飞行，能长距离迁徙。所有这些鸟都非常适应水生环境，它们在水上飞或潜入浅水，寻找各种植物和无脊椎动物。而有些又是食鱼动物。

隼形目 隼形目包括鹰、雕及鹗。这一目中的两科动物毫不例外地都是食物网中的食肉动物。鹰科包括鱼雕和美洲秃雕（白头海雕），它们只吃鱼。鹗（鱼鹰）只以淡水、海水中的鱼为生。

鹤形目 有几个鸟科主要或全部是淡水环境的栖息者。秧鸡科包括130种秧鸡、黑鸭、短嘴秧鸡等。这些鸟的典型生活方式是隐秘的（遮掩的）。它们寄居在湿地、湖泊和河流边缘的浓密植被中。在那里它们寻觅到可利用的食物资源——小鱼、蜗牛、昆虫和草籽等。

　　其他水生或半水生的鹤形目包括热带日䴘和水秧鸡（两个物种）、太阳鸟、鹤状的秧鹤和15种鹤（鹤科），其中包括危险的鸣鹤。

　　鸻形目　鸻形目包括海鸟、鸥和燕鸥。尽管这一目的大多数成员都局限在海边，但还是有些生活在淡水栖息地，尤其是湿地。例如，山鹬长长的嘴就是用来在北半球的沼泽地翻寻无脊椎动物。矶鹬常常出现在海岸，有时它们也出现在湖边、湿地和河边。

　　有几种鸻形目无论是在海边的栖息地还是在盐碱湖栖息地，都可发现其身影。美洲反嘴鹬（反嘴鹬属）和黑翅长脚鹬就是其中几种。它们长长纤细的嘴，就是用来插入松软的沙土沉积层，寻觅无脊椎动物。而它们极长的腿也非常适应盐湖边缘的河口滩涂。

　　海鸥（鸥科）和它们的近亲燕鸥（燕鸥科）也属于这一目。它们虽然常常与海洋环境有关，但是许多鸟还占据着淡水环境。在这里，它们有些以昆虫为食，而其他的主要以鱼类为食。在北美安大略湖，处在食物网最高层的海鸥更易受生物灰岩这种有毒化学物质的影响。

　　水雉科在全球热带区域是最突出的。它们具有独一无二的能力，能在百合垫和其他浮动的植被上行走。它们之所以能这样，是因为它们有一双巨大的脚，能分散重量。它们偏爱的栖息地是浅湖和湿地边缘，以食用昆虫和其他无脊椎动物为生。

　　佛法僧目　翠鸟。在世界上许多地区的溪流以及岸边栖息地，最明显的鸟就是翠鸟。尽管并不是所有的翠鸟都与淡水环境有联系，但其中两个鱼狗科和翠鸟科是和淡水环境有关的。大多数翠鸟属于后一科，并栖息于欧洲和大洋洲。所有的美洲翠鸟，包括噪声最大的、最明显的带状翠鸟，属于前一科。这些华丽的鸟常常栖息于悬垂在河边的树枝上。在那里它们可以捕捉到河里的小鱼。

　　雀形目　百灵鸟。许多雀形目鸟与水生食物网有关，大多数以正在飞行的昆虫为食。它们都在淡水中度过幼虫期。其中几种与淡水环境有密切的关系。

哺乳动物

许多哺乳动物利用河边环境并与水生食物网有联系。但事实上，没有哪一种哺乳动物真正栖息于水中。例如，棕熊以游回到上游产卵的鲑鱼为食，但没有人称它们为水生生物。确实，在水生环境中度过一段时间的哺乳动物包括海獭（鼬科，水獭亚科）和其他的鼬鼠、海狸（海狸科）、河马（河马科）、河豚（淡水豚科）以及澳大利亚鸭嘴兽（鸭嘴兽科）。有些像海獭一样，是食肉动物，以鱼和无脊椎动物为食；其他的像河马一样以水生植物为食。

第二章
河流生物群落

地球上几乎每种陆地地理环境中都有河流，即使在南极这样的极寒大陆也有两条河流。每一种陆地生物群落，从热带雨林到沙漠，都将河流视为其中的一个组成部分。这种从热带雨林到沙漠的陆地和气候环境的不同，影响着河流环境的每一个方面，并且形成了人们所说的"各种各样令人困惑的自然特征和人为影响"。

一条河流及其支流的网络，构成了淡水生物群落的一部分。一条河就是一个巨大而流动的自然水体；河流系统包括干流和它的支流，如果支流都比较小就称作小溪。很难列出单个或者独立的河流水生群落，因为湿地处在湖的边缘地带，所以作为河流系统一部分的湿地可以被视为与河流处于相同的水生群落。然而，湖泊、河流、湿地这三者区别并不明显，但也确实存在着重要的不同。有区别地对待这三个淡水栖息地，其好处是与大量出版文献所述相一致。本章探讨河流系统内不同的环境条件，包括植被条件、野生动物及其生命历程。除了描述河流系统内的各方面差异，本章也通过描绘三个不同地域环境来探讨不同地域群落特点的差异。

人类对河流的影响如此广泛，以至于今天"原始"的河流在地球上已经很少见了。原始河流未被污染过，没有修浚过，没有被农业、矿业、伐木业或者其流域内的城市发展所影响，它不受外来物种引入的侵扰。现在很少有河流处在这样的环境里。随着人口数量从现在的60亿，预计攀升到21世纪中叶的90亿，随着经济在世界范围内的增长，那些相对原始的河流前景不容乐观。从整体上看，淡水系统内的动植物比任何其他地区的动植物更易受到人类的影响。

河流环境

河流和溪流组成淡水水生环境中最有活力的部分。其起决定性作用的特点——流动的水体，使生命的物质条件不断变化。流动的水体塑造并重塑河道、河边地带、洪泛平原、浅滩、水塘以及其他所有与河流系统有关的物理参数。水流量也是动态的，有四到五个层级变化也很常见。比如，弗吉尼亚州里奇蒙德地区的詹姆斯河在历史记载中（河流历史非常短的一段时间）曾有过这样一种情况：那段时间里它的流量趋近于零。但在1972年由于受到热带风暴影响，同一条河，同一地方，水流速度超过了每秒钟30万立方英尺（约8500立方米）。

对于一种水性生物（例如鱼或大型无脊椎动物）而言，流水的活力既带来了机遇，又带来了挑战。随着水的流动频率加快或减慢，流速也增高或降低。如果速率过高，会导致一些生物有被冲走的危险，那些依靠水流给它们带去食物的极小的生物也会挨饿。为了更好地欣赏生物在流水中的适应力，我们有必要了解一下激流环境，也就是流水环境。

流量或者说流水量是一条小溪或河流单位时间水流经过特定点（或者更精确地说，流经某一横截面）的体积。单位时间通常是每秒。体积有可能是立方英尺，也有可能是立方米。因此流量的单位是ft³/sec（立方英尺每秒），通常写成CFS或者是m³/sec（立方米每秒）。

自然河道在自然形态上千差万别。一些地方深，一些地方浅；某处宽，某一处窄，这给精确测量流量带来了麻烦。比如说，速率在河道中心附近最高，在靠近河底和河岸两侧时稍缓。因此通过多种测量并计算平均值，水文学家们能够相对精确地测出流量。

流速在不同时间也有变化，同一时间，上下游也有不同。溪流某一处流速一段时间内的变化，是因流量变化而产生的。向溪流注入更多的水（比如说突来的倾盆大雨）会使河流的宽度、深度和流速都增大。而随着流量减少，大部分自然河道的宽度、深度和流速也会随之变小。因此，河流中生物的栖息地的数量和环境也在变化——扩大或收缩。

同样的水流量，在河流不同的地方水流速也不同。有三个变量影响流速：坡度、河道的不规则度以及黏性。任何溪流或河流河段的坡度是垂直高度差和横向距离之比，也就是河道的倾斜度。它可以用百分比来表示，也可以用角度来表示。有时候河流的坡度还会用每英里多少英尺来表示，意味着每英里距离要抬高多少英尺。美国马里兰州加勒特县约克加尼河上有一段非常陡的河段，是每英里200英尺（约61米），因此它成为漂流探险者最喜欢的地段。而亚马孙河刚离开源头安第斯山，坡度是每英里0.053英尺（约0.02米），这样的坡度有2500英里（约4023千米）。这就是为什么其洪水在雨季泛滥会影响如此之广。

水在河里的能量是由重力提供的，而重力又垂直作用于地球表面。因此，坡度越陡，重力的拉力加速度越大。这一能量使得水流速加快。在自然河流里，大部分流水的能量通过激流转化成了热量，这也是高山流水冬天不冻的一个原因。

河道的不规则因素是指任何可能阻碍水流动而形成激流的特性。宽度和深度的变化在这里也计算在内，粗糙程度也在其中。粗糙度能导致河道侧面的不规则，粗糙可能是河道外缘不规则处引起的，比如由一个高处流水的深潭，也可能是由岩石、圆木或其他"粗糙因素"引起的，比如阿巴拉契亚山泛滥的河流里的汽车和洗衣机，或者由于蜿蜒的河道，这些都会引起激流，并且减弱那些本来会让水加速的能量。

能量也被用来挟带（拾取）及运送沉积物，不论是沙粒还是鹅卵石，沉积物——泥沙、碎石以及被水流运载的其他东西，影响着流速。沉淀物运载得越多，流速就越低。

黏度也是水流的一个决定因素。在水里，黏度随着温度的变化而变化，水温越低水流越慢。在一些情况下，与坡度和粗糙程度以及沉积物挟带量相比，黏度对水流速度的影响相对较小。

植物在动态的变化的条件下进化生存着。这些条件与水的流动有一定关系，与栖息物质地条件有一定关系，而栖息物质地条件也和水的流动有关。河流的物质形态反映了由流水塑造成的栖息地的丰富多样。

下面是河流栖息环境类型和质量的主要决定因素：

·流域规模

·地形

·潜在地质条件

·流域土壤

·气候

·陆生植被

·水流量，时间选择，水流状态

·水质参数

·温度（平均值和变化范围）

·溶解的固体值

·溶解的氧气值

·可以获得的营养，特别是氮和磷

·浑浊度

·污染物包括细小沉淀物及其特点

·河道的底基层，覆盖物，形态

·河滨走廊的条件

·干扰的状态和干扰的历史

·外来植物和动物的物种

河道形状

河道为激流群落提供物质环境。物质环境的物质多样性和处于其中的流水条件，为河流生物提供了大型栖息地。

随着沉积物（其总量和平均颗粒大小）和水流状态（平均流量、最大流量和季节性波动）的变化，河流改变着河道形态——即河道的坡度、大小、外形。河道大小、形状代表了流量和沉积物之间的平衡。在稳定的气候及缺少重要的构造活动的条件下，一条河道趋于平衡状态，这一状态对其通常的流水状态和沉积物负载量而言"正合适"。河道会对天气现象（如热带风暴等）做出短期反应，而极端情况可能急剧改变河道形态。但过一段时间，即使被洪水"冲毁"的河道也会恢复到"最可能的状态"。这种河道状态是河流在任何一处最终最可能呈现的状态。这就是河流的平衡状态。

地貌学家已经知道这种"最可能的形态"是由平均每1.5年到2年发生一次的暴雨所决定的。更大的洪水会影响河道，但是洪水越大，发生概率越小。这种1.5年到2年发生一次的暴雨，给搬运沉积物和重塑河道提供了足够的水流，而且它也相对发生得频繁一些。任何水流如果比1.5年到2年发生一次的暴雨所引起的水流弱的话，都不能塑造河道。因为它缺乏充足的能量移动河道内的物质。

我们把溪流或河流的河道描述成三种形式：1.纵向的（源头到河口或交汇处）。2.按轮廓（从上向下看）。3.横断面。

纵向的特质　典型河流的海拔侧面是凹形：从源头起坡度较陡，而在河口处坡度趋近于零。河流科学家发现从纵向考虑，将一条河流分成侵蚀区、搬运区和沉积区很有意义（见图2.1）。

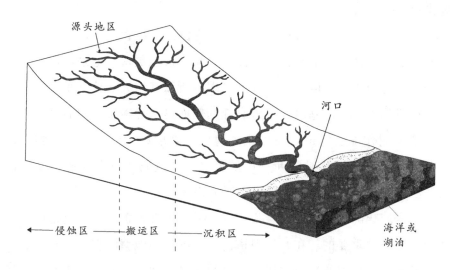

图 2.1　典型河流的纵向凹面图　（杰夫·迪克逊提供）

　　侵蚀区一般是小溪或河流的源头，并且包括流域上半部分及小型的一二级河流。源头的河流通常坡度陡，因此流水有更多能量运送沉积物及更大的沉积颗粒。这些河流通常会被坚固的岩石切断，并有可能形成瀑布和激流。这些河流中可能含有大量溶解的氧气，水温较低，也含有对生物区有意义的物质。

　　源头河流通常有这样的特点：其河道底部和侧面主要是基岩。由于陡坡地段搬运沉积物的能量较大，这样的河流通常冲刷出"原生岩石"。这样的河道通常是笔直的（不那么曲折），只呈现洪泛平原起始部分的特征，或者根本没出现洪泛平原。

　　在搬运区，沉积和侵蚀速率之间维持最大限度平衡。这一区相当于中等（三级到六级）河流。沉积物被运走，并没有在河道高度或横断面形态上引起最终变化。搬运区的河道综合了源头区和沉积区的特点。从这条河上游顺流而下，要跨过暗礁，穿过年代相对久远的岩石造成的激流，最后流入充满了沉积物的池塘。在河流的两侧，人们可能看到肥沃的洪泛区，尽管面积不大。

在沉积区，沉积物沉淀下来，形成洪泛区。尽管由于缺少河道粗糙的阻碍，水流速度可能与源头河流一样快，甚至更快。但是水流搬运沉积物的能力减小了，因为河道坡度平缓，所以其中大部分沉积物沉淀下来。很难见到裸露的基岩，河道底部和侧面是从冲击层切削而来，这样的河道又叫作冲击河道。在河流入海处，坡度趋近于零，三角洲形成了。如果沉积物运送被阻断，比如说，在穿过码头或大坝或水库上游时，三角洲地区可能因缺少沉积物而下陷入海。

从区域化的标准来看（见图2.2），河道纵向侧面一定的规则性对生物而言是至关重要的。在基岩河道内，连续出现池塘的现象很常见。在冲积河流中，重复的池塘与浅滩组合很常见。在浅滩上，河床物质很粗

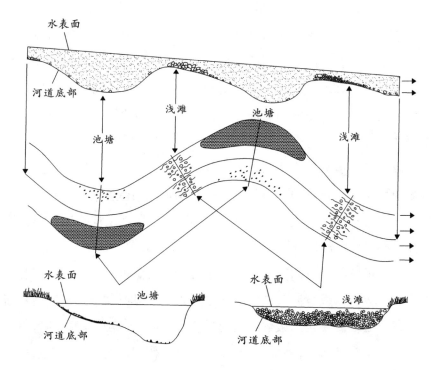

图 2.2　池塘浅滩组合河道的平面图、纵断面图和横截面图　（杰夫·迪克逊提供）

糙。粗糙度取决于河流的大小。它包含了碎石和鹅卵石甚至是巨石。这种河道坡度比平均坡度要陡，深度要浅。因为有更多能量运送沉积物，纤细些的沉积物就留不下来，而大的沉积物颗粒间存在相当大的空间。流水可以很轻易地穿过这些空隙，为许多小鱼和大型无脊椎动物提供栖息地。有时浅滩和水塘被河流分开。这些河流狭窄、笔直、陡峭且流速快。河流通常比浅滩更长、更窄。

在池塘，坡度比平均的坡度低，水深比平均的深，河床物质相对纤细。所以底部"泥化"池塘为不同鱼类和大型无脊椎动物聚集提供了比浅滩更丰富的栖息地。池塘-浅滩组合提供了不同栖息地，这一多样性为河流系统内生物整体的多样性做出了贡献。池塘-浅滩水流组合与河内的曲流相关。下面我们就来讨论这方面的问题。

河流轮廓特质　从一个河段的上端向下看，最令人震惊的事情之一就是河流不是直的。这归因于河水穿过的地表形态的多样性。一些地表很容易受到侵蚀，有些则好一些。河流会沿着阻力最小的路线流动，其路线不太可能是直线。即便没有这种地表多样性，河流也不会是直的，它们是曲折的。即使被工程师们设计在一条笔直的河道内，它们也会重新形成其自然的曲线。

河流区域弯曲的因素很复杂。坡度是一个要素，河流会根据水流状态或沉积物负载量的变化而调整其坡度。对于特定的水流状态和沉积物负载量来说，会有特定的坡度，以达到平衡状态。河流像滑雪运动员一样，通过调整曲折度来调整坡度。滑雪运动员从山上滑下来，通过前后迂回，走曲线以增加下山路线长度，这样从同样高度下滑时增加长度就降低了坡度，因为减小坡度意味着降低每秒动能，滑雪者不急于加速，他们控制速度，以获得更多乐趣。

在河流或溪流里，由重力提供的能量用于侵蚀河道两岸、运送沉积物以及制造激流。因此尽管它们是下落而非向上，水流的能量也在消耗。它们通过改变曲折度来调适坡度。在这个过程中，它们制造出被称为"曲流"的颇有特点的曲折路线。古希腊人命名为"曲折"的河，在土耳其被叫作"门德雷斯河"。在溪流及河流里，曲折通常（并非总是）与上述池塘-浅滩组合相关。池塘在曲线外侧，浅滩则在两条曲线的"直线部分"。

河流蜿蜒曲折，研究显示，在一条弯曲河流的洪泛区内的每一点，在某一特定时间都会被河道完全侵占。河道蜿蜒曲折，但横断面的形状则保持一致。曲线外部是一个动态侵蚀区，曲线内部是沉积区。因此，经过一段时间，河道会移向曲线外面。有时在蜿蜒流动的过程中，河流会后退两次，使得曲线从主河道脱离开，河流U字形弯曲部分也因此形成。

河道横断面   河道横断面是用垂直于水流的虚拟平面，将河道横切后所得到的垂直剖面。在自然河道中横断面有许多变化，这种变化既发生在不同地理条件的自然河道中，也发生在同一河流系统中（比如源头与沉积区之间）。正如（纵向轮廓）池塘-浅滩组合间的变化与曲流相关，横断面的变化亦然。池塘一般在曲流弯曲的外侧，此处河道相对窄且深，浅滩处的河道横断面则宽且浅。

在侵蚀迅速、坡度较陡的地理环境里，辫状水道很容易形成（见图2.3）。在横断面，它们的宽度要大于深度，弯曲度低，呈现沉积物堵塞的外貌。它们通常也是在高沉积量的条件下形成的。不只是单独一条河道，许多河道被沉积物堆积的小岛隔开。辫状河道一直在变化，形成和再造都用了相对较短的时间。在流经沙子、碎石的河流里辫状河道很常见，这样的河流同时还有着易蚀的河岸。

平稳河流在河道横断面呈现三种特征：枯水河道或最深谷底线、满水的河道、洪水河道。在一个冲积河流中，这些特点很容易辨认。枯水河道是河道在任意横断面中最深的部分。将这样的点沿着河一路连接起来就能描绘出一条河道。在枯水期，这是河道唯一可见的部分，河道

图2.3　阿拉斯加的北极国家野生动物保护区内的辫状河道河流　（美国鱼类与野生动物保护局提供）

里也会有流水（水也可能穿过河床下面的沉积物，但那样在表面就看不到了）。

平稳的冲积河流中的满水河道被定义为从洪泛区起始。在此处坡度有断裂，变化很大，这也成了满水河道的顶端。这一断裂有时也被确认为河田沙洲的顶部与洪泛层的交汇处。满水河道是被塑造成的，用于适应满河道的河流，这一高流量事件一般平均1.5~2年发生一次（见图2.4）。

洪水河道是指比满水河道盛水量还要多的河道。在一个未被改变的、平稳的冲积河流中，它与洪泛平原的存在相呼应。平均泛滥频率不会超过2~3年一次。有时冲积河流也有平谷或者梯田，这是上次气候影响下洪泛平原的残留物。

河道的一个不明显的特性是伏流区的存在。伏流处于河道底部之下、沿着两侧的地方。在那里，地下水系统和河道进行着水体交换。由于河边观察人员不容易看到，伏流作为栖息地的重要性被忽略了。然

图2.4　弗吉尼亚州蒙特马利县二级溪流满水时的状况和低水位时的状况　（作者提供）

表 2.1　世界十大河流流域

河流	入海口所在的国家	水域面积（平方千米）	水域面积（平方英里）
亚马孙河	巴西	7180000	2772213
刚果河	刚果/安哥拉共和国	3822000	1475682
密西西比河	美国	3221000	1243635
鄂毕－额尔齐斯河	俄罗斯	2975000	1148654
尼罗河	埃及	2881000	1112360
拉普拉塔河	阿根廷/乌拉圭	2650000	1023171
叶尼塞河	俄罗斯	2605000	1005796
勒拿河	俄罗斯	2490000	961394
尼日尔河	尼日利亚	2092000	807726
长江	中国	1970000	760621

而，它是一个积极的群落，成为水底有机物重要的庇护所，特别是在枯水期。伏流区和主河道通过流水相连，除此之外还有有机物质和营养物质的联系。正如在美国蒙大拿州弗拉特黑德河的洪泛平原上的井里发现的河中大型软体动物所显示出的那样，伏流为许多物种提供了栖息之地，而这里距主河道1.2英里（约2千米）。

集水区和次集水区

每条河都有一个集水区/流域。大河有大的集水区，这样的集水区经常被称为"流域"（见表2.1）。一个集水区是一个碗形的地域，会流出一条特定的出口（见图2.5）。在一个大的流域里出口就是河口，水流在此与海水交汇。在小的支流中，出口点就是汇流点或者与一条大河的接合点。

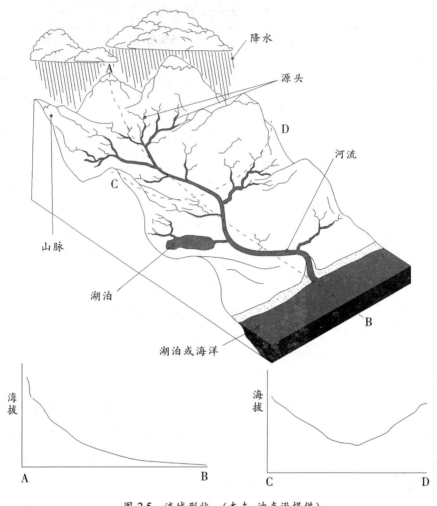

图 2.5　流域形状　（杰夫·迪克逊提供）

　　河流及其集水区在侵蚀、沉积物搬运、沉降等不间断的地貌改变过程中，一同形成。集水区表面侵蚀的速度是受气候和地质状况影响的。

　　除了最大的水域之外都是次集水区。次集水区是更大集水区的一部分，流经的河流也是更大河流的支流。有的河次集水区非常大——例如密西西比河的一个次集水区相当于整个俄亥俄河的集水区。理解较大水域的次集水区的相对大小及位置的方法就是使用河流等级分类。对于一

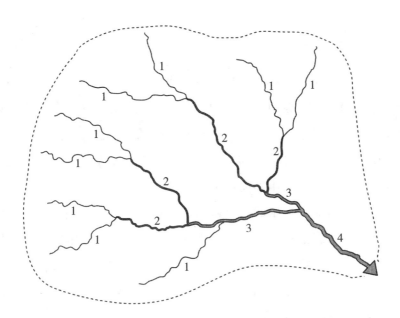

图 2.6　斯特拉勒（1952）划分的河流等级。一级河流（用 1 表示）没有支流；两条一级河流汇合，形成二级河流（用 2 表示）。相似的两个二级河流汇合形成三级河流（用 3 表示）。最后两个三级河流汇合形成四级河流（用 4 表示）（杰夫·迪克逊提供）

条河流系统的任何支流而言，河流的等级是能确定的。最广泛应用的河流分类系统是亚瑟·斯特拉勒在1952年提出的。他的系统很简单：所有没有支流的源头河流，都分类为一级河流。两条一级河流汇合就成了二级河流。两条二级河流汇合顺流而下就是三级河流。那些河流支流的流域相对地称作一级流域、二级流域和三级流域（见图2.6）。

河流里的生物

　　生命在地球上已经进化了30多亿年，这使它找到了适应大部分挑战性环境（如海底极端的黑暗、高温、极酸和极干旱）的方法。毫无疑问，动植物能够适应在流水环境中生存。下面我们将要描述一些生物在溪水环境中生存的适应性变化。

适应水流

流动是水中生物的一个先决条件。水流对所有暴露于流水中的物体施以一种与流水方向一致的力。想要保证平稳，并在流动的水中站稳是很有挑战性的事情。任何曾经试图跨越溪水的人都能证明这一点。从有机物的观点看，无论它是植物还是鱼或者无脊椎动物，要想不被顺流冲走，需要耗费能量或使用其他策略。

溪流寄居者利用流水的特点寄居在靠近河道和河道底部水流速度较慢的地方。原理是这样的：当移动液体和静止的固体接触时，离固体最近的水分子层紧紧粘住它，因此有了零流速层。零流速层拉住临近的水层，结果有了一个看起来像"J"形的水流速轮廓，接近水底的水流速最低，靠近水面的水流速最大。

因此，流速降低的水流层以及因此而来的下降拉力，从基层延伸了

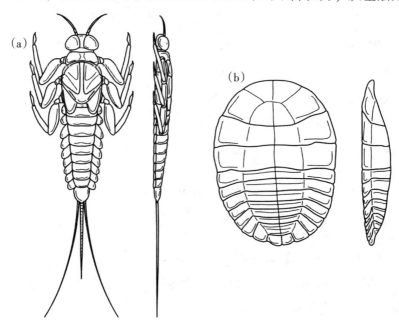

图 2.7　适应水流条件。(a)蜉蝣；　(b) 水甲虫　　(杰夫·迪克逊提供)

一段距离。底栖生物的身体形状（其中有些生物大部分时间依附在流水中的静止固体上）通常都是扁平的或是流线型的，以便利用水流动力所形成的庇护所。比如包括石蝇幼虫和水甲虫在内的生物（见图2.7）。

水生大型无脊椎动物形成了一系列其他方式适应水的流动。某些特定种类的石蛾（毛翅目）幼虫建造由沙砾、有机纤维碎片构成的类似箱子的东西，它被用丝固定在底层。除了为动物提供躲避捕食的避难所之外，它们还能帮助生物不被水流冲走。其他物种，例如，石蝇幼虫（翅目）用爪抓住所附着的石块，还有其他一些（例如黑蝇和水钱）有像固着盘一样的吸杯。

适应流速加快的行为包括：生物在洪水期间或洪水到来之前，（鱼类）游到溪流内的避难所（保护区）；在降雨开始时，（巨型水蜻）一起飞离河流；洪水期间（石蛾幼虫）从水面飞走。

河里的植物也形成了适应洪水的方法。大多数大型植物都有庞大的根系，既能固定在某一地方，又能在洪水之后快速繁殖。洪水期间，柳树和杨树（在洪水河道中生长的树种）都有树干可以弯曲，都有窄叶降低拉力，但是很少有大型植物能在高速流动的洪水中幸存下来。

对水流流动变异性的适应

河水流动可以呈四级至五级的变化，从咆哮的洪水到溪流。例如在干湿季，有时这些变化是可预知的。在其他地区，它们发生的事件是不可预测的，尽管发生大洪水之间的平均年数一般来说是可以计算的。栖息于河流中的生物已经进化出一些特性以避免危险，并利用这样的环境。

在有些可预测洪水的河流体系中，例如，在春季许多生物事件与洪水是同步发生的。有些鲑类鱼（包含鲑鱼和鳟鱼的鱼科）把它们产卵或孵化的时间确定下来，避开最可能发生洪水的时间。有些片脚类动物也是如此。有些河岸的柳树和杨树会在春季洪水退去时洒下种子。在不能预知洪水的河流体系，有些鱼种在洪水之后产卵，以确保它们的鱼苗有足够的水。

对于栖息于回水和河边的大型植物来说，洪水和干旱意味着高低水位的改变。植物或者没有根，或者根扎得不深，能在高水位中漂浮。漂浮的大型植物在许多河流、湿地和湖泊中都能看到。因为漂浮在没有激流的河水中，被高水位淹没的问题也就不存在了。另外一个适应方法是植物发展了多孔的透气组织，这些延长组织能把大气层中的氧输送到水下的根部。我们还能看到其他新陈代谢和形态上的适应形式，这些内容将在第三章详细讨论。

河流生物群落

河流中栖息的动物、植物和其他生物，与湿地、湖泊中的种类是一样的（见第一章）。与栖息于淡水体系的大量动植物相比较，很少有什么种类是只在河流里生存的。这一事实证明了淡水栖息地之间的内在联系。

营养关系

在所有的自然生态体系中，不管是陆生的还是水生的，有些生物为它们自己和所有其他生物提供食物能量，这些生物被称为生产者或自造营养者。这样的生物大多是绿色植物，在光合作用过程中，它们把大气中的二氧化碳（可溶解于水中）与水结合，产生碳氢化合物，释放氧气。这样，它们用太阳能创造潜在的能量，储存于化合物中，然后在植物呼吸过程中转化成机械能和热量。不用来使自己成长和繁殖的自造营养，被称为净初级生产量，并且它是所有异养生物（不能通过光合作用生产食物能量的生物）的食物基础。

河流体系中的自造营养生物　河流中自造营养生物可根据其形式和

栖息地分成三种类型：固着生物、浮游植物和大型植物（见第一章）。在大多数河流中，固着生物和浮游植物占自造营养产量的绝大部分。例如，在巴西潘塔纳尔湿地，在某些季节植物密度高的地方，它们可以通过植物的光合作用、呼吸和最终的分解，对可溶氧和二氧化碳的含量施加重要的影响。

固着生物和浮游生物的密度在河流中是受限的。原因有以下几个：一个最普通的限制因素就是光。在源头森林生态区，树荫可以减少进入溪流的光线，并能极大地限制水藻的生长。在地势较低的溪流中，树荫不是问题，但是浑浊度（不管是来自沉积物还是浮游植物）有可能限制较浅河流或表面光带水藻的产量。另外一个限制水藻生长的因素（所有淡水体系都会面临的问题）是化学成分磷——植物需要的主要养分。氮并不是主要的限制因素。最后，固着生物量可能会因为与洪水有关的自然损耗而降低。

能量来源 上面描述的自造营养水藻和通过光合作用产生的细菌是河流中生产食物能量的来源。这种能量被称为内源能量或自生能量。其他能量，也叫外来能量，来自陆生植物和它们所供养的陆生食物网。像所有的绿色植物一样，陆生生产者利用太阳能形成碳水化合物分子，储存太阳能，最终变成蛋白质、脂肪和其他植物组织中的分子。储存的能量被提取出来，以便植物呼吸时使用。当叶子落下、昆虫死亡、熊在树林中做它们想要做的事情的时候，当花粉飘落、树枝被风刮掉的时候，这些物质或者被风吹落，或者被冲入河流中，即使土壤中的有机物也会流失到溪流之中。当雨水降落，渗透进土壤，可溶有机物随着它们穿过接近地表的地下水进入溪流。

外来能量通过腐生生物群落的活动，成为河流生物群落中鱼和其他高级生物可获得的能量。河流生态学家发现三种主要的有机物（蛋白质食物）形式，从外来源进入水生食物网：粗颗粒有机物（CPOM）、细颗粒有机物（FPOM）和可溶有机物（DOM）。

　　粗颗粒有机物由直径为一毫米到类似树干粗细的有机物组成。典型的粗颗粒有机物来源包括树叶和针状物、果实和树枝，枯萎的水生大型植物，大型动物的排泄物，花粉和种子，动物尸体。粗颗粒有机物一般不是被吃掉的，而是通过物质降解（磨损、溶解）、腐生生物和食腐动物的活动被消耗掉的。许多无脊椎动物专门从事与粗颗粒有机物粉碎有关的各种不同活动，它们的嘴适合撕裂、摩擦、凿、开采等活动。一般来说，直到细菌和真菌（这些细菌占据粗颗粒有机物，经过几小时到几天的时间粉碎较坚硬的物质）使粗颗粒有机物变软后，无脊椎动物才开始工作。它们也为无脊椎食腐动物增加了粗颗粒有机物的营养价值。

　　细颗粒有机物（FPOM）是粗颗粒有机物（CPOM）物质退化和无脊椎动物活动的产物。这些无脊椎食腐动物不仅粉碎小东西，而且它们的排泄物也变成细颗粒有机物的来源。细颗粒有机物本身也是各种生物（从显微的或接近显微的、到相对较大的生物）的食物。大量的小动物进化了发现和捕捉细颗粒有机物的方法。许多水生昆虫在河流中布置细网，用它来收集漂浮的细颗粒有机物。在某些情况下（例如黑蝇幼虫），这个网实际上是身体的一部分；在其他情况下，它由蚕丝织成（例如一些石蛾/毛翅蝇）。贻贝和淡水蚌通过对水体过滤，吃掉细颗粒有机物和浮游植物。有些环节虫和昆虫幼虫在细颗粒有机物丰富的沉积物中挖洞生存。鱼、鸟和哺乳动物吃这些食腐动物，因此外来能量源就为更高的营养级提供食物。

　　外来能量也为微生物群落提供食物。细菌就是利用地下水和粗颗粒有机物及细颗粒有机物中的可溶有机物和化合物生存下来的。来自可溶有机物的食物可能继续在微生物食物网中循环，或者被较大的生物吃掉，然后它也许会进入更高营养级，被更大的生物消费。

　　来自陆生和河流自身的食物能量比例，从源头到入海口是不一样的。这就是河流连续体概念的主要内容。但是气候差异也会发生作用。树荫、树叶、有机物分解速度和光线强度随着气候变化而不同，并且严重影响河流自身生产和以陆地为基础的生产。

分解动物/腐生生物 严格地说，分解动物就是消耗死亡的有机物，使它粉碎成有机形式的生物。河流中的分解生物包括真菌和细菌，与食腐动物一道，它们是水生食物网中外来能量和较高营养级之间的重要一环。食腐动物包括微型无脊椎动物和大型无脊椎动物，还有几种鱼和其他脊椎动物。

异养生物 异养生物可以解释水生食物网中所有其他营养级。以自造营养生物或生产者为食的异养生物被认为是初级消费者；捕食其他异养生物的异养生物被称为次级、第三级或较高级消费者。在水生系统中一些生物完全适应了这个环境，只占据一个营养级，而其他生物在好几个营养级中觅食。一些大型无脊椎动物、两栖动物和鱼类在不同阶段从一个营养级到另一个营养级。例如，一些小龙虾小的时候是食草型的，然后随着它们长大变老，它们就向食肉类型转变。

对于生态学家来说，把异养生物归类成种群或根据功能性摄取食物习惯分类，对于理解食物网中它们的作用是很有意义的。大型无脊椎动物和鱼类都是这样分类的。这些生物中的许多种类都已进化了专门的身体部位或行为方式，有利于科学家们确定它们的种群。例如，许多无脊椎动物嘴的部分就有撕咬、切割、搜索等功能。像大型翅虫那样的无脊椎食肉动物，拥有大蟹爪来抓住并固定它们的猎物。

"采集动物"(以有机颗粒粉尘为食的生物，其中包括收集悬浮的有机颗粒的生物和摄取底基层沉积物的生物)织网或伸出网状的身体进入河流收集细颗粒。食草动物，如蜗牛类的动物有专门的嘴来磨锉。有两点是必须知道的：第一，一些物种并不完全适合某一种群，而是具有机会主义特征，它们吃当时盛产的东西。第二，有些种类不同时期变换种群。这些提示适用于鱼类和无脊椎动物。

鱼类像无脊椎动物一样，已经进化了取食的专门器官。这既能反映行为，又能反映身体部位，例如，下颌、牙齿和消化系统。身体形状本身已经根据取食需要进化了。食肉动物的特点多是静待时机，然后冲出去抓住猎物。梭子鱼和雀鳝属鱼就是这样。这些食肉动物有流线型、鱼雷状身体，一些底栖动物——亚口鱼科鱼嘴部向下像真空吸尘器的头一样。而那些以水面昆虫为食的鱼嘴都是向上的。然而，某些情况下身体形状与物种栖息地的喜好相对应（水塘对浅滩，水体顶端对底部），而不是以取食喜好为条件。下列鱼类摄取食物的种群可以在南北美河流中发现：

- 食鱼
- 食底栖无脊椎动物
- 食水层表面生物
- 食未分化的无脊椎动物
- 食浮游生物
- 食草生物——食腐生物
- 杂食动物
- 寄生虫

河流生态系统

科学家花费很多精力去理解河流生态系统，希望能找到适应所有河流的模式。在这部分中我们将描述几个典型模式。每一个科学模式聚焦于河流的不同方面，重点强调影响河流生物的不同因素。例如，河流连续体概念阐明了当河流从源头向低地流动时物质因素的影响。洪水脉冲理论开阔了我们的视野，包含了洪泛平原对河流生物的横向影响。人们通过研究伏流带的影响而把垂直标尺这个概念引进来。把河流体系和地形进化过程联系起来的研究开阔了我们的视野，使人们了解不同范围的进化是怎样互动的。在其他研究中，人们强调随着时间推移所出现的变化。所以，河流中已被观察到的生命形式与那条河流的特定历史有关。

每一条河流都是独一无二的。其生物群代表了独一无二的特定条件。从传统上来说，科学家们关注描述并理解原始河。但实际上，所有的河流都被关注。河流生态的研究就像试图描绘一个移动的物体一样。河流科学家不可能使河流静止不动，因为较大的进化过程还在继续，如气候改变、生物入侵、社会操纵等。尤其是大河流中地势低缓地带被大面积改造，使得高阶河流很难研究。这也与抽样是否方便有关。

群落的持久和稳定 河流群落在没有干扰、没有污染的条件下，即使面临很大的环境变异，也能够坚持很久。洪水和干旱定期出现，河流生物已经适应在这种干扰下生存和恢复。因此，河流群落有很强的恢复力：即使洪水极大地降低了底栖生物和鱼的数量，它们也能很快地繁殖再生。河流系统大面积范围内的修正能力，使得水生生物能够较轻易地从一条支流游向另一条支流。

如果干扰严重或新栖息地出现（例如，冰川融化形成新河流），持续的变化进程就会出现。陆地栖息地的变化进程最初是由先驱物种开始的，然后（至少是部分地）被其他战胜它们的物种取代。一般来说，寿命短的物种是早期的移民。飞行的昆虫比生活在水里的无脊椎动物更具优势（如果有地理障碍的话），因此会成为第一批重新占领高干扰河流的生物。在浮游植物和固着生物中，硅藻类似乎是早期殖民者。洪水之后大型植物移植于新形成的沙丘或岛屿，展示出一种新的延续形式，最后阔叶林出现了。

长期以来，河流生物群落的持久性和（因此产生的）可预知性给我们提出一个问题：为什么河流某一部分的物种构成不同于另外的部分，例如，为什么上游的物种和下游不同？河流连续体概念中将提到这个问题。

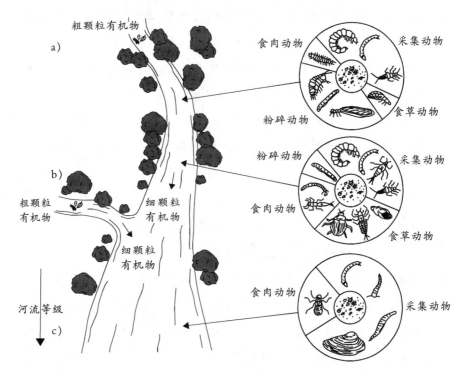

图2.8 河流连续体概念阐明河流网络的位置、食物来源和生物群落的构成 （杰夫·迪克逊提供）

河流连续体概念 河流连续体概念（RRC）把河流生物群落和生态系统进程与河流等级联系起来，因此就与随着河流等级不同而变化的河流的各个方面联系起来（见图2.8）。

与此同时，河流连续体概念认识到河流体系是一个连续体，由源头（1~3级）进入中间河段（4~6级），然后再进入宽阔低缓的河段（7级以上），最后进入下游。溪流中的生物群落适应了溪流任何一段的主要生存条件。这是一个处于不断变化的平衡中的生物群落，或者叫有生机的均衡，河流的物质条件也处于有生机的均衡之中。

与下游河段相比，源头有以下特点：河道坡度大、流量低、沉积物颗粒较大（砾石、鹅卵石和大圆石）、河水较浅、河道较窄、树荫较多或者说阳光直射较少、陆生植物（树叶）输入较多以及水温较低等。因此在源头，河流内部的生产量较低，也就是说固着生物、浮游植物和大型植物产出的食物能量较低。这是因为生长季期间树荫（至少在水域中落叶林占主导地位）稠密和缺少适合大型植物生长的条件（基层、潮流）。这样，河流群落消耗掉的食物能量比它产出的多。与此同时，大量的陆生物质进入河流系统，因此就造成了"赤字"。

在河流中段，河面变得更宽，所以树荫较少。河水相对较浅，浑浊度低。所以河流内部的生产占主导地位，即河流的自造营养比它们消耗的营养多。因为树荫少了，落叶也减少了，陆生能量就变得不那么重要了。然而，还有大量的来自上游的粗颗粒有机物。这些东西包括被粉碎的粗颗粒有机物（不管是机械粉碎还是通过动物粉碎的活动）和上游动物的排泄物。在河水流动缓慢地段（河流边缘），细微沉积物沉降，环境条件变得适合大型植物的生长，从而增加了河流内部的能量生产。在这个河段，至少是季节性的，河流群落生产的食物比消耗的多。

在大河段树荫更少，但是因为浑浊度上升（限制了光线的穿透能力）和水的深度加深，固着生物和浮游生物的产量下降。河流要再一次依靠河流内部能量和上游的食物能量资源，大多数是细颗粒有机物（FPOM）。栖息地多样性的减少意味着物种的多样性相对于中段河流也减少了。

无脊椎动物群落和鱼类的构成反映了变化的环境条件。在源头，功能性取食种群——"粉碎动物"在无脊椎动物中占较大比例。在源头，水环境和滨河带的密切联系确保很多细颗粒有机物进入河流中，而粗颗粒有机物是由"粉碎动物"粉碎粗颗粒有机物得来的。因此，河流连续体概念预测无脊椎动物的大部分是"采集动物"，较少的食草动物反映了固着生物的缺乏。

在中段河流，河流连续体概念预测上升的水藻产量将会增加无脊椎食草动物的比例，"粉碎动物"将相应地减少。中段河流中无论是无脊椎动物还是鱼类，物种都很多。因为它们属于源头和下游低缓大河之间的交错群落。食物的多样性供养了各种无脊椎动物，而它们又成了各种鱼的食物。

在低缓的大河段，主要的食物来源是上游的有机颗粒粉尘、细小的沉积物中包含的有机物。这两种条件适合"采集动物"的生长。尽管水的浑浊度和深度限制了水藻的产量，但是较高的养分含量有可能导致季节性数量的增长。例如在地势较低的河流中就是这样。

当人们顺流而下的时候，不能预知作为食肉动物的无脊椎动物比例会改变多少。鱼群从冷水鱼种变成暖水鱼种，而那些以粗糙的底栖生物为食的鱼类很少在低缓的大河段出现。

河流连续体概念的出现激励了人们对河流的研究和讨论。很显然，并不是所有的河流体系都按已描述的模式发展。例如，高纬度河流、极其干旱地区的河流以及受到人类改造的河流。不管怎样，这个概念促进了我们对河流内部、河流沿岸生态条件如何影响河流生物的理解。

洪水脉冲理论 河流连续体概念专门聚焦于生物的连续体。这个连续体沿着河流随着水文和形态条件的改变而变化。而洪水脉冲理论（FPC）使人们注意到，洪泛平原定期的洪水泛滥对河流生物生存繁衍的重要性。在河流体系中，不同的洪泛平原其重要性不一样。但宽阔的、界限明确的洪泛平原一般都在地势较低地段，这个地带的河流是最大的。一些河流体系洪泛平原极多，如密西西比河在大规模筑堤和渠道化之前有大约3.8万平方英里（约10万平方千米）洪泛平原。

洪水脉冲理论使人们注意到河流和洪泛平原之间的生态链接，开始了大型热带河流和可预测的长时间的洪水期的研究。这样的河流中的洪泛平原更像湿地，并且常常被当作湿地来研究。大多数洪水形成的水生栖息地是死水而不是流动水。南美的潘塔纳尔湿地就是在这样的体系中形成的（见第三章）。

高水位期（有些河流可持续半年）开始时，滨河带水位高度逐渐上升，淹没陆生植被，使水生物种可以获得它的养分及有机物。鱼和无脊椎动物游向扩大的水生栖息地。这种河流中的鱼类生殖周期被固定，以便适应周期性的洪水泛滥。这样，洪泛平原和有关的栖息地（湿地、高地、牛轭湖）的食物网和主河道的食物网紧密缠绕。洪水脉冲理论对河流连续体概念加以补充，增加了水生栖息地的扩大和养分及有机物增多的内容。

缀块动态 对河流连续体概念加以补充的另外一个理论是缀块动态。这个理论把河流栖息地看作许多不同物质环境的小片镶成的镶嵌画。在冲积河的池塘–浅滩系列，池塘被看作一块，浅滩被看成与之相比非常不同的一块。从某种角度来说，块状的出现是随意的。沿河任何一个特定河段的特定生物群落都会反映那块地带的特点，并且根据RCC只能部分地预测出来。缀块动态理论强调规模范围的重要性：RCC是大范围模式，而当地动植物栖息地缀块的特点则是小规模现象。

营养螺旋 营养螺旋概念（NSC）和一个熟悉的生态系统概念（营养循环）类似，并且形成了适应流动栖息地的形式。在陆地和静水（湖泊）水生栖息地，生态学家已经确认了动植物所需的主要营养的物质循环：氮、磷、硅和其他化学物质。这些无机物营养（矿物质）形式被土壤中的植物根部吸收，合并成植物生物量（有机），然后当植物死亡时再由分解动物带回到土壤中（粉碎成矿物质）。在流动水系统中，这种营养循环在流动水中进行，所以这个循环涉及循环完成之前向下游输送营养的事情。因此，穿过这个循环的营养原子所行进的路线被看成螺旋。营养离开这个体系的速度取决于水的流速和循环速度。最终，河流携带的营养被排放到海洋中。

河流及其陆地环境

河流系统深深植入陆地生态区之中。陆生生物群和生态进程影响河流体系内部的生物多样性。有人建议把水生生态区域当作水生动植物群落地理区域。水生生态区域在某些情况下可能与水域边界接近，但是在其他情况下却产生了偏离。生态区域环境和土地使用历史，影响河流的生物多样性。全世界没有一种大家都认可的淡水区域划分方法。

人们建议把水域当成生态上定义明确的地理区域，并且有时与生态区域概念合并。关于淡水生物群落，大水域中淡水的内部联系大概最类似陆生生态区域。并不是水域本身形成水生环境（因为水域属于陆生区域），而是流经水域的河流系统造就了这种环境。

例如，蜗牛镖是一种小型底栖鱼。它是因为20世纪70年代在小田纳西河上修建泰利水库大坝的争论而出名的。人们认为它的灭绝是因为大坝的修建。然而，后来这种鱼群在田纳西河流域的其他地方被发现。但是田纳西河流域特有的一些贻贝并没有在毗邻的河流系统出现。这也解释了一个事实：对于这些生物来说，至少作为生态区域河流体系的逻辑性是有意义的。

河流体系之间的联系意味着在水域的一个部位发现的物种可能会在同一水域的其他部位出现。像鱼这样专门水生的物种（与之相反的，如早期水生的昆虫后来浮出水面飞走了）可能会在单独的河流系统进化，只是非常缓慢地向邻近河流分散或根本不做这样的事情。因此，淡水鱼的分布反映了生物地理区中其他生物种群的分布模式。这种模式最初是根据陆生鸟和哺乳动物的出现来描述的。一些淡水科学家把它细分为六个地理区来定义淡水区域。下面我们将列出六个区域并注明主要的鱼科。

·新北极区包括北美到墨西哥高原南部。主要大河包括密西西比河、麦肯齐河及哥伦比亚河。这一地区的淡水生物群被研究得比较彻底，描述得也很详尽。这个区域有14个淡水鱼科，约1000种。最主要的是鲹鱼和鲤鱼、北美淡水鲶鱼、亚口鱼、鲈鱼和太阳鱼。

·新热带区从中美洲向南包括整个南美。这一地区包含世界上的最大河流系统——亚马孙河，还有拉普拉塔河、奥里诺科河。这一区域有32个淡水鱼科，2500多种。这一区域拥有世界上最丰富的鱼种群。

·古北区是一个巨大的区域，包括欧洲、亚洲的北部和中部的大部分、中东和北非。主要河流体系有鄂毕河、鄂尔多斯河、叶尼塞河、长江、黑龙江以及尼罗河。虽然这样，它的淡水鱼科数量较少。主要的鱼科包括泥鳅和鲹鱼科。

·埃塞俄比亚区包括撒哈拉以南和马达加斯加以及邻近的阿拉伯半岛部分。这一地区有世界上第二大河流体系——刚果河和几个主河流系统。这是物种丰富的地区，有7个淡水鱼科，大约2000种。包括初级鱼和次级鱼。鱼种包括鲹鱼、脂鲤科鱼和鲶鱼。

·东方区或印度马来区包括印度次大陆、中国南部、亚洲东南部、菲律宾和印度东部。主要河流包括恒河、印度河和雅鲁藏布江。这个区域有28科淡水鱼，包括12种鲶鱼、泥鳅、黑鱼等鱼科。

·澳大利亚区包括澳大利亚、新西兰、塔斯马尼亚岛、新几内亚。这一地区只有一个主要河流体系——澳大利亚的达令河，它只有3种主要的淡水鱼：澳大利亚肺鱼属鱼和两种属于骨舌鱼科的鱼。这一地区剩余的几百种鱼都不是主要的淡水鱼类。

虽然鱼类分布能很好地反映生物地理区域的轮廓，但是河流生物群落的其他栖息者却是世界性的，也就是说，它们被散布到世界各地。对于流动群落的结构和功能来说，相对于河流源头和下游，即同一条河流的一个生态区域环境和另一个之间的差异来说，一个生物地理区和另一个之间的差异并不那么重要。相对来说，深入研究每一个生物地理区域的主要河流都不可能有成果。然而，不同纬度的河流之间的差异是很大的。下面部分概括介绍一条热带河流（亚马孙河）、一条高纬度河（黑龙江）和两条中纬度河流纽河和田纳西河。尽管上述河流都具备所有河流的共同特点，但是我们还将对它们进行比较，并强调每条河的独特性。

亚马孙河流域

亚马孙河每年向海洋输送的水量比其他六条河（刚果河、长江、雅鲁藏布江、叶尼塞河、拉塔普拉塔河、奥里诺科河）加起来还要多。它们每一条河都是大河，然而与亚马孙河相比却相形见绌。亚马孙河是河流中的最大者：它比任何其他河流鱼的种类都多（2500种），它灌溉着世界上最大的未开发的热带森林，它有世界上最大的水域，但它泛滥时淹没的地区也是最大的。它向大西洋排放出如此多的淡水和沉积物，以至于从入海口向海里延伸至200英里（约322千米）的海域范围内，海水的颜色和盐的浓度被改变。它也是经历快速生态变化和面临不确定未来的河流。

河流及水域的特征

亚马孙河水域面积估计在240万平方英里至290万平方英里之间（约620万~750万平方千米）。它流经巴西的大部分地区、巴拉圭、玻利维亚、秘鲁、厄瓜多尔、哥伦比亚和委内瑞拉的部分地区。其水域形状非常特别，一旦源头离开安第斯山脉，水面几乎没有下降，继续流入大海。换句话说，除了安第斯山脉，流域的大部分地区以及中部流域的地势都很低（大约1000英尺/300米或更低），因此亚马孙河坡度极低，每英里一英寸。一个原因是亚马孙河是一个流向相反的河流，它曾经由东向

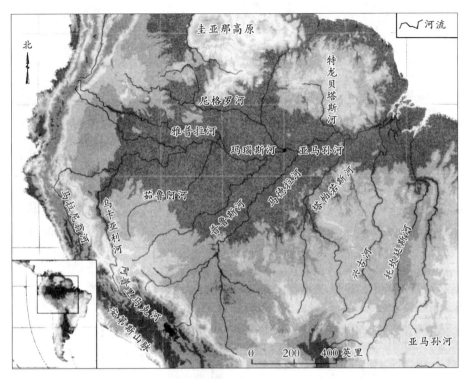

图2.9　亚马孙河流域　（伯纳德·库恩尼克提供）

西流动，将水排放到太平洋。后来，当地理上较年轻的安第斯山脉上升时，这条河向西的路被堵住，就只能向东流了。

　　人们很难概括亚马孙河的特征（见图2.9）。不仅仅是因为它很大，还因为它各种各样的地貌、陆生生态区和地形——从西部海拔2.2万英尺（约6700米）的安第斯山脉到接近海平面的几百万英亩的湿地。土地上的覆盖物：森林占73%，草地、热带草原和灌木丛占10%，湿地占8%，农田占14%，旱地6%，以及城市用地/工业用地占不到百分之一。这个流域的绝大部分都是稠密的相对完整的热带雨林。

　　这条河的源头处于秘鲁安第斯山脉的冰川，距入海口3900英里（约6276千米）。那个源头是很浅的一片水，从尼瓦多米斯米峰（海拔18362英尺，约5597米的山峰）斜坡的岩石表面穿过，距的的喀喀湖不远。最近人们利用全球定位系统（GPS）才找到它的精确位置。这个源头曾经被认为是马拉尼翁河的源头，但最近阿普里马克河被授予了这个荣誉称号。阿普里马克河是乌卡亚利河的支流。

马拉尼翁河与乌卡亚利河合并形成亚马孙河。由马拉尼翁河和乌卡亚利河形成的河流主干以前被认为是索利默伊斯河，再往下是玛瑙斯河。来自北方的尼格罗河在此加入主河道。只有在此之后的部分才被认为是亚马孙河。

马拉尼翁河与乌卡亚利河汇合点的下游，来自南部的茹鲁阿河和普鲁斯河与来自北部的雅普拉河汇入亚马孙河。然后北部的尼格罗河加入进来。在下游的几百千米河段中有一条主要支流马德拉河进入亚马孙河，河流继续向入海口进发。期间，特龙贝塔斯河、塔帕若斯河、兴古河和托坎廷斯河还有无数小支流又加入进来。主要支流本身也是很大的河流。尼格罗河每年平均流量很大，超过10万立方米/秒，除亚马孙河之外，比世界上的任何其他河流的流量都大。

亚马孙河流量极大的原因之一是亚马孙流域的气候。地区不同降雨量不同，但是平均降水量大约为79英寸（约2000毫米）。流域的某些部分（尤其是安第斯山脉的东坡，出现地形雨的地方）每年的降雨量多达26英尺（约8000毫米）。因为赤道温度和光照强度，水蒸发速度非常快，但降雨还是引起大量的水流失。

毫不奇怪，流域的温度变化很小，因为它横跨赤道线（所以没有纬度的影响），并且除了西部边缘的安第斯山脉之外，几乎没有海拔的变化。从山下沿着斜坡往上走，人们可以感觉到温度的下降，每千米下降6.49℃。因为赤道的位置，温度没有季节性的改变。年平均气温为24℃~28℃。流域中部的降雨量（但只在中部）表现出明确的季节性，6月至11月是干季。

按传统划分，亚马孙河的支流被分成三类：白水河，人们之所以这么称呼，是因为它携带大量细小沉积物，看似白絮（并不是真正的白色）。这些河流从腐蚀活跃的安第斯山脉流过。黑水河（实际上是茶色）是被可溶有机物形成的酸性物染黑的，其pH值相对很低。它们从森林茂密的山谷和圭亚那高原流过。这一地区地质年代久远，土壤早已失去易溶或易腐蚀的矿物质。清水河（从南部进入亚马孙河）也是营养匮乏的河流，同时又缺乏污染黑水河的可溶有机物。它们流经亚马孙盾（另一个地质上久远的地区），上面覆盖着潮湿森林和干旱林（热带草原）。黑水河和清水河的差异主要与它们水域上游的土壤类型有关。

亚马孙河（因其水域极其平缓）及其支流每年发一次洪水，洪水量极大。每年秋季开始，大西洋湿气向西行进，当它爬上安第斯山脉时，降雨随之而来。不同的地区雨量最大的月份有所不同：玻利维亚境内是1月，玛瑙斯河流域是3月，厄瓜多尔是4月。不同支流也不同步，一年期间水平面缓慢波动。从10月到1月，中部河段水位低，4月至7月水位高。洪水在不同的河段每年也不一样，但时间是有规律的。从鱼到凯门鳄的许多水生生物都把产卵等重要事件放在涨水和退水之时。

玛瑙斯河的上游有时也被称为索利蒙伊斯河，其水位可能升高大约为33~49英尺（约10~15米）。这并不是说亚马孙河主河道在流量和水位上变化过快。事实上，这个河流的流量变化极其温和，高低水位流量差异大约是1/3。四五级的河水流速变化（高流速是低流速的1000~10000倍）对河流来说更具典型性，尤其是小河流。中部流域地势低缓，坡度很小，导致洪水聚集于此，因此水位易发生较大变化。

在这样没有地形起伏、河道坡度极小的区域，水位的上升意味着洪溢林每年要被淹没好几周，导致了三种不同类型的森林出现在亚马孙流域地势低的河段：两种定期被淹没的森林和一种旱地雨林。亚马孙河及其白水河支流的洪泛平原被称为泛滥平原，这个名称从广义上也可指经常被淹没的树木丛生的洪泛平原。这些地区每年都会由流经安第斯山脉和一些丘陵的河流带来沉积物、营养和有机物。然后这些被淹没的森林为河流中的鱼和其他生物提供营养。在黑水河和清水河（如尼格罗河）及其他流经亚马孙河南北的河流，被淹没的森林被称为周期性灌水森林。洪水给这里带来了与泛滥平原不同的生物群落，既有陆生生物又有水生生物。洪泛平原在高水位期都会被淹没，有时水很深。

地势低的河流在洪水退去之后留下一些湖泊。这些湖泊在蒸发作用、植物生长分解、氧含量波动等情况下，经历了生态变化。湖泊里的鱼类在河流处于高水位时，离开湖泊，游向被洪水淹没的绿色草原。

河流生物群落

处于新热带生物地理区内的亚马孙森林生物的多样性令人难以置信。河流体系中的生物也是一样。由于河流和森林交织在一起，有时很难分清边界线。亚马孙河排入大海的30％的水流经洪泛平原。生物种类多的另一个原因是栖息地的多样性。从山区的白水河、黑水河和清水河，到河流连续体概念中所描述的正常栖息地类型。如果对亚马孙河生物进行全面综合的描述，需要好几本书才能完成。这里的描述仅限于一般的观察，并且聚焦于几类植物、无脊椎动物、鱼和其他脊椎动物。

植物　对于光合生物来说，不同河流栖息地（包括洪泛湖，因为它们季节性地属于河流的一部分）提供了各种条件和挑战。这种多样性带来了极多的植物种类。一般来说，亚马孙河流域有四种植被：水藻（浮游植物和固着植物）、水生草本植物、陆生草本植物和木本植物（洪溢林）。河流上（包括洪泛平原和洪泛湖）任何特定地方和任何时间出现的混杂植物品种，是由洪水淹没程度（多长时间、多深、多长时间一次）和人类影响所决定的。淹没程度表现为区域海拔、基层的稳定（由侵蚀和沉积物决定）和生物的连续性。另外，亚马孙流域不同的栖息地带来不同的植物种群。

一般来说，主河道在任何三种类型的河流中都不受植物欢迎。尽管种类繁多，气温高，光照充足，但亚马孙河的浮游植物量相对较低。黑水河和清水河产量低是因为营养匮乏。在茂密树林掩盖的低阶森林溪流中，光照不足制约了浮游植物的总量。白水河营养丰富，浑浊度限制了光线的穿透力，因此也制约了浮游植物的总量。

在白水河中（包括亚马孙河主河道），漂浮植物垫（浮游性草地）非常普遍，上面有整个动植物群落。草（主要包括水稗草和阿雷蔓草）在洪泛平原低洼处迅速蔓延。当高水位又回来时，这些草就长出浮动枝干和悬浮的根丛，最终随着水位上升浮起来。它们又和其他的浮游植物合在一起。漂浮植物垫大面积被昆虫和以它们为食的食肉动物占领，其下面为固着生物的广泛生长提供了栖息地。这也为浮游动物和鱼类提供了食物来源。漂浮植物垫上的食肉狸藻有水下气囊，在与微甲壳虫类动物和昆虫幼虫接触时发生内部爆裂，吞掉并消化这些受害者。

河心沙坝正在快速改变沉积和侵蚀特征。尽管如此，其土壤还是沙质的，一年中绝大部分时间被淹没，在最低水位时干涸。这里，每年机会来临时，陆生植物迅速生长和传播。正如上面所描述的那样，一些植物自由漂浮起来，并且当河水上升时形成漂浮植物垫的植物基质。陡峭的河岸是因为湍急河流和波浪的作用形成的。在这样的岸边，只有几种植物：墨西哥皇冠草、阿雷蔓草和水稗草，不稳定的陡峭河岸上植物更少。

洪泛湖河床和低洼平地并不是因为激流或腐蚀造成的（除波浪之外），在洪水泛滥期间（时间很长）只接受细小的沉积物。在短暂的旱季（一至两个月）植物种类相对较少，包括西印度沼泽草（主要的水生有害物种，尤其是在甘蔗生长的地方）和黑人莎草（北美有害物种）。随着水位上升，更多水生物种包括野生稻米和自由漂浮植物，长得比主要的陆生物种更茂盛。低水位期的洪泛湖和洪水期的洪泛平原死水区供养了大量的浮游植物。有些湖泊变成富养湖，因为大量的硅藻和蓝细菌利用浑浊度下降和缺少湍流而生长起来。

沼泽和低洼平地类似。只不过它们没有彻底干燥，保留了足够的水分。即使在低水位期也能供养自由漂浮的植物。

尽管每年淹没期很长，洪泛平原还是为灌木和其他树种提供了营养。洪溢林表明了它们所栖息的复杂动态地形的异质性。洪泛湖和废弃的河道沼泽大多数时间过于饱和，不能使木本植物生长。但是在自然形成的堤坝（河流最初进入洪泛平原时，沉积大量泥沙形成的）和过渡带，到旱地桑木雨林带，旱季很长，木本植物有足够的时间生长。地形因河流蜿蜒流动而造成的动态自然特性，确保人们可以在附近找到一些连续的不同地带的森林。

亚马孙中部的泛滥平原主要是常青潮湿热带雨林，中间镶嵌着植物群落。其构成是由植物的进化系列阶段、土壤特征和洪水淹没的频率和时间长短来决定的。早期的进化系列灌木包括千屈菜（是千屈菜科植物的一个成员）和柳树。这种柳树就像被洪水淹没的森林一样，当水位上升，把空气中的氧气输送到植物被淹没的部分时，它就长出了不定根。连续性木本植物［包括早期连续性树种，其种子被鱼携带传播；带刺的棕榈树的树种可以被淹没300天；热带美洲的号角树（Ceropia latiloba）］，有效地占据了白水河流域营养丰富的洪泛平原。因为它非常适应洪水和被淹没的状态，还能忍受强烈的阳光照射和沉积物沉降。它能够忍受种子被淹没，并且能快速垂直地生长。后期的连续性树种包括木棉属或异木棉属（非常美丽的开花树）、沙箱树属（其中一个树种的汁被用来毒死镖鲈）、槟榔青属和苏里南维罗蔻木属（肉豆蔻科的成员）。周期性冠水森林（被营养缺乏的水淹没）与泛滥平原森林相比种类少很多。这两种被洪水淹没的森林中，树木的生命循环是受洪水脉冲时间控制的，包括种子生产、传播、发芽、开花和节果。

无脊椎动物　科学家们已经在亚马孙河安第斯山脉源头对无脊椎动

物进行了研究。考虑到基层是相对粗糙的砾石和鹅卵石，那么毫不奇怪，其最丰富的物种是蜉蝣、石蝇和石蛾，还有一些甲虫。前三种喜欢水流湍急、寒冷、氧气充足的水域，而这些特点是高山河流所特有的。

假设沙土基层不适合大多数底栖生物的生长，但这种低地河流中的底栖无脊椎动物还没有被充分研究。这种沙土基层从亚马孙河河口向上游延伸2485英里（约4000千米）。然而黑白河支流的低阶河源头供养了各种昆虫。飞蚊是这些溪流中种类最多的昆虫，还有黑蝇和石蛾。例如，冷水物种（石蝇）很少，它就像软体动物一样，受可溶矿物质含量低限制。这些溪流中所有的重要食物网是以外来的矿物质为食的真菌。以真菌为食的是摇蚊。以摇蚊为食的是各种食肉动物。

尽管低地河流的条件不适合底栖无脊椎动物，但是洪泛湖提供的条件有利于密度相对高的无脊椎动物（达到每平方英尺1200个底栖动物）的生存。然而，当洪水退去时，许多湖泊氧含量降低，尤其在底部。这就减少了无脊椎动物的数量。

根据统计，水生无脊椎动物种类繁多，出现最多的地方是在泛滥平原和大河的漂浮植物垫之上及周围。其中的大型漂浮植物为它们根部之间的固着植物提供养分，而这又为无脊椎动物群落的繁衍打下了基础。无脊椎动物群在洪泛平原淹没期也占据着水下或浮出水面的大型植物。例如，水螨、桡足类动物、介形亚纲动物、水蚤以及苍蝇幼虫等都大量出现，尤其是出现在白水河的浮游植物垫上。它们为许多种鱼和较大的无脊椎食肉动物提供食物。这些植物体上也有双脐螺属蜗牛，其携带寄生血吸虫，引起血吸虫病——一种折磨热带地区许多人的疾病。

在河流食物网中，几种洪泛平原无脊椎动物因其数量巨大而变得很重要。黑水河和清水河中，淡水虾尤其多。亚马孙对虾栖息于白水河，数量丰富，使它成为许多鱼的重要猎物。福寿螺大而多，不仅是几种鱼的重要食物，也是凯门鳄和一些鸟的重要食物来源。蜗牛鸢有尖尖的喙，形状大小正好能插进蜗牛壳，把蜗牛肉吃掉。在白水河及洪泛平原食物网中，蜉蝣数量巨大，是无脊椎动物食物网中的重要一环。在其幼虫期，它能有效地进入枯树，加快其分解。

鱼 据估计，亚马孙河流域鱼种的数量为2000~40000种。一般来说，"南美的淡水鱼一方面是因为祖先传下来的少量鱼种有名，另一方面由于某些鱼群的丰富和特有而闻名"。这样的鱼群是脂鲤科鱼（鲤形目，它们占整个水域鱼种的40%）和鲶鱼（鲇形目，占25%）。另外，还有11个其他目的鱼，代表21个科，其中某些科有很多鱼种。就像亚马孙河流域其他生物一样，鱼种的繁多应归结于本区域栖息地的多样性。令人感到意外的是，黑水河和白水河相比鱼种多样性差异很小。

鱼种分布的地理因素包括水化学、氧含量和是否有激流条件。一些黑水河鱼种对白水河较高的矿物质含量不适应。这是某些支流有较高比例的特有鱼种的原因。因为白水河主干流亚马孙河是把这些鱼种散播到黑水河的不可逾越的障碍。然而，没有这样限制的鱼种利用亚马孙河主河道作为散播途径，积极迁徙或利用水流把它们的鱼苗分散到各地。

有些鱼种避开亚马孙主河道和大支流（急流），在高水位时进入泛滥平原或周期性冠水森林，低水位时停留在洪泛湖内。这样的鱼种有可能进化出新的形态和行为方式来应付低氧条件，这在低水位时的周期性冠水森林里很普遍。例如，黑阿卡拉鱼可以通过把氧气吸入腹部，在低氧条件下幸存下来。其他种类通过把空气吸入嘴、鳃腔、鱼鳔和肠子来吸收氧气。然而，还有一些鱼，尤其是小鱼，栖息于浅湖的表面区域。这样的地方因为与空气接触而氧气充足。还有一些其他鱼种，当固着植物在夜间停止向水中释放氧气时，它们就游向开阔水面，远离大型植物丛；白天，它们又游回来，享用靠大型植物生存的固着植物所提供的氧气。而大型植物本身，也在生理上调整改变，以便把氧气输送到被淹没的部分。

有各种栖息地的脂鲤科鱼属于小到中型鱼。它们在亚马孙流域栖息并能达到最大量。在这个流域有15属脂鲤科鱼，包括许多类似热带鱼种的鱼（例如，脂鲤）。它大概还包括亚马孙最著名的鱼——水虎鱼（锯脂鲤科），其中28种出现在亚马孙流域。

这些具侵略性的鱼有6~10英寸（约15~25厘米）长，颌部发育很好，有极其尖锐的适合食肉动物的牙齿。最近的研究表明，它们在有些阶段也吃果实和植物。不管怎么说，作为食肉动物，它们影响着其他鱼类。这种鱼因数量多而影响巨大，而且还成为亚马孙流域河豚、鸟及人类的重要食物。它们在捕猎时习惯密集攻击。在周期性冠水森林处于低水位时，这个方法尤其有效。

水虎鱼在锯脂鲤科有近亲。它们以各种各样的食物为生，包括种子和坚果、昆虫幼虫和其他鱼类及无脊椎动物。"塔巴吉"(Tambaqui)是亚马孙流域第二大带鳞鱼，有"像马一样"的牙齿，能磨碎洪溢林中的种子和坚果。在亚马孙流域的当地居民中，这是一种非常受欢迎的鱼种。

鲶鱼（鲶形目）尽管在世界范围内受到广泛的干扰，但在亚马孙河流域繁殖最多，并在此栖息下来。鲶鱼形状有大有小，有宽有窄，有的有明显的带状，有的伪装成木质残体。最大的被当地人称为须鲶鱼。个别的可长达10英尺（约3米），重量可达330磅（约150千克）。虽然它们主要是食鱼性的，但是曾在它们腹内发现了猴子的残体。有报道称，它们偶尔还吃人。

鲶鱼科的另一个种类是寄生鲶，又叫牙签鱼。它是寄生鱼，靠吸食其他鱼类的血维生（它进入其他鱼的嘴，咬住动脉），所以也称为吸血鱼。这种鱼最长为5厘米。人类最早认识它并惧怕它，是因为它可以钻进人身体中任何有孔的地方，尤其喜欢尿道。一旦它在人的尿道暂时居住，只有通过手术才能把它除掉。

除了水虎鱼和牙签鱼之外，另外一种应避免接触的外来鱼种是电鳗(裸背电鳗目的成员)。利用电磁场锁定猎物的位置是这一目鱼的特点，但是只有淡水鱼中的电鳗才有生产和释放高伏电流的超常能力。这足以使自己的猎物麻木并死亡。偶尔，它们也能造成一个成年人残疾或死亡。亚马孙河的裸背电鳗目还包括50多种刀鱼，其中许多与漂浮的草地和洪泛湖有关，因为它们能在低氧条件下生存。

丽鱼科鱼在亚马孙河爆发性增长。鲈形目丽鱼科有100多种鱼，有些是水族馆喜欢展览的鱼，例如地图鱼和棘蝶鱼。

虽然其他鱼不像鲇形目脂鲤科鱼和丽鱼科鱼那么美观，但是其中有些鱼却因在生态中起主要作用而闻名。鲱鱼和凤尾鱼（鲱形目）主要生活在海洋。但是，亚马孙河的13个鱼种产量极大，以浮游动物为生。巨滑舌鱼/巨骨舌鱼（骨舌鱼目）是亚马孙河最大的带鳞鱼，是这个生态系统的食肉动物。它的长度可达3米多。

其他脊椎动物　虽然亚马孙河鱼类的生态作用比较有名，但是水生食物网还包括一些其他重要的脊椎动物（凯门鳄、淡水豚、海牛、水獭和乌龟）。有关它们的作用，大家并不十分了解。这些生物的数量因捕猎而急剧下降。最大的凯门鳄（黑凯门鳄）已经几乎从这个体系中消亡。这种生态影响未知而深远。黑凯门鳄是令人惧怕的食肉动物，长超过4米，宽超过1米。

世界上最大的淡水豚——亚马孙河豚，也称为亚马孙江豚，栖息于亚马孙河及其支流。这种哺乳动物有时也被称为粉红豚（并不是所有成年豚都是粉红色）。它们栖息于接近河流底部的地方，以鱼类、乌龟、螃蟹为食。另一种河豚——灰河豚，也在这个流域栖息。其形状类似于海洋里的宽吻海豚，但稍小些。这种哺乳动物吃各种各样的鱼，至少有11科28种。以上两种河豚都受到巴西法律的保护，但是栖息地的减少和污染已经威胁到它们的生存。

亚马孙河及其支流中另外一种完全水生的哺乳动物是亚马孙海牛，其体重可达450千克。像所有海牛一样，这个种类也是完全食草性的。

它以洪泛湖和回水中的水生植物为食，旱季时靠栖息于主河道时储存的脂肪继续生存。海牛的数量因捕猎已经减少。

世界上最大的水獭——巨獭。这种食肉动物（大多数是鼬鼠科成员）栖息于各种流动缓慢、河水清澈的栖息地。巨獭长约6英尺（约2米），65磅（约30千克）重，主要以脂鲤科鱼为食。较小的亚马孙水獭栖息于低阶溪流和洪泛平原的静水中，它们除了吃鱼外，还吃甲壳虫类动物（例如淡水虾）、两栖动物、线虫、鸟和小型哺乳动物。因为没有天然存在的食肉动物，这两种水獭只受到捕猎和栖息地减少的威胁。国际自然保护联盟认为亚马孙河水獭是世界上最濒危物种，这确实是令人质疑的至高无上的荣誉。

亚马孙河乌龟绝大部分是水生的。其中最大的是亚马孙河巨龟，其壳一般都可达到25～30英寸（约64～76厘米）长。最著名的是长相奇特的玛塔玛塔龟。它和北美的淡水大鳖生态区位类似，都是伺机而动的食鱼性动物。它们利用伪装，等待着静水河泥泞底部猎物的出现。然而，它们捕鱼的策略稍有不同，玛塔玛塔龟张大嘴巴出击，一边游一边吸，把鱼吸进嘴里。

许多其他的爬虫类动物和两栖类动物主要生活在亚马孙体系的洪泛平原上，水蟒是最有名的爬虫类动物。尽管它很大，但并没有像有些报道所说的那么大。其已确定的最大长度大约40英尺（约12米），比有些报道所引用的数字65英尺（约20米）小得多。水蟒常常光临这些河流，因为其猎物大多是水生的。它以鱼、乌龟、凯门鳄和水豚（大型啮齿类动物）为生。

问题与前景

很多年以前，人类想要定居并开发亚马孙河及其森林流域的愿望并没有实现。但是自从欧洲人移民新热带区之后，人类的影响渐渐扩大，并且更具破坏性。在欧洲人定居之前，这片森林供养着大量当地人。接触欧洲文化带来了奴役、强迫劳动、重新安置、疾病及贫困，从而造成了很高的死亡率。即使今天，亚马孙河流域许多不容易进入的地方还供养着数量大幅减少的当地人。但是随着现代科学技术的发展和永远增长的对新物质和土地的需求，人类社会正在改变这个流域，而且在这个过程中减少了生物的多样性。

对亚马孙河流域的最大威胁来自伐木、开荒种地、采矿污染及气候改变等。影响水域中大片土地的因素也会对在此生存的水生动物产生影响。用于农业、城市化及伐木的林地开垦导致栖息地减少，并且造成沉积物阻塞溪流。自从20世纪70年代以来，巴西亚马孙区域已经接收了来自巴西其他地区的一百多万个农村家庭的移民。亚马孙地区牛的总数自90年代早期以来已经翻倍。这种移民的流入（不管是人还是牲畜）已经带来不同的压力：自由使用土地的承诺、政府重新安置计划、政府修坝修路、开采金矿及生物资源等。所有这一切都增加了这一地区的压力。尤其是新路的修建破坏了环境质量，因为新修的道路史无前例地进入了森林内部。

直接的结果是大规模地开垦林地，随之而来的是栖息地减少、土壤侵蚀和沉积物沉降，非法开采金矿导致汞污染水生植物链的形成。人类沿河岸定居已经造成废水污染，过度捕捞和捕猎也已经导致鱼尤其大型鱼类数量减少，同时减少的还有一些哺乳动物和爬虫类动物。

人们对亚马孙流域的关注还在继续，因为政府正在计划建设一些基础设施项目。尽管受到当地环保组织和环保人士的质疑，还有几条公路和辛古河上的一系列大型水坝正处于准备阶段。托坎廷斯河水域的几座大坝已经交付使用，还有更多的正在建设和计划中。在马德拉河上正在计划修建两座高高的大坝。水坝破坏河流物质和生态进程的程度与它们的规模大致成正比。

亚马孙流域令人关注的事情还有气候改变的潜在（也许是现在）影

响。2007年，这个地区已经是第二年发生罕见的干旱。一些科学家相信这场干旱可能反映了世界范围内正在进行的气候改变。因为森林能产生出那么多的降水，令人担忧的是延长的干旱期有可能带来严重干旱的恶性循环、野火和沙漠化，还有可能导致目前生态系统的崩溃。因为正如本章所描述的，这一切都与河流和栖息地是交织在一起的。

黑龙江流域

黑龙江坐落于东亚，介于北纬45°~55°与东经120°~140°，完全处于古北生物地理区。其水域占地面积为745000平方英里（约1929541平方千米），是世界上第十（或第十一大）流域。每年在入海口的平均流量是441000立方英尺/秒（约12500立方米/秒）。黑龙江的长度（从鄂霍次克海的入海口到石勒喀河和额尔古纳河的汇合处）是1770英里（约2850千米），但是从两河的交汇处到额尔古纳河的源头还有一半的距离（又有1500千米）（见图2.10）。它是世界上目前唯一保留下来的没有受到人类控制的河流。据报道，中国和俄罗斯都计划在黑龙江主河道修建一系列的水力发电站。黑龙江水域主要处在中国北部，和俄罗斯、蒙古接壤。尽管边界是山区，但是大部分区域海拔相对较低（低于150米）。

河流及水域的特征

今天，这个流域面积的54%被森林覆盖着（这大概是最初森林覆盖率的三分之二）；9%是草地、大草原和灌木地；4.4%是湿地；18.4%是耕地；2.6%是城市和工业用地。大约1/3是干旱地区（沙漠和类似于沙漠的土地）。卫星影像表明，许多耕地处于洪泛平原地区，并毫无疑问地成了某种湿地。

这个河流体系自古以来就被分成三部分（从河口开始向上）：下游

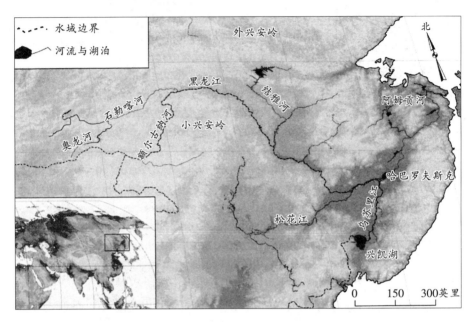

图2.10 黑龙江及其流域 （伯纳德·库恩尼克提供）

从入海口到哈巴罗夫斯克市，即与乌苏里江（一条流经兴凯湖的重要支流）汇合点的下游。在下游河段，地势较低，河道分成复杂的不断变化的辫状河道、洪泛平原和湿地体系。它们水文上与河流联系密切，经常在温暖的月份，水位高时被洪水淹没。这种河道对于定期的、流量变化极大的河流来说是非常典型的。河床物质主要由沙土和淤泥构成。在这个地段，阿姆贡河（较大支流）和几条小河汇入主河道。

再往上，中游延伸至结雅河汇入的地方。在这里，布拉戈维申斯市就坐落于河流的北岸，而中国城市黑河在南岸。此地的河道纵横交错，有十分发达的洪泛平原。只是在153千米的地段，河流切断了穿过小兴安岭的狭窄山谷。底基层是沙土和淤泥，但是河流流经布瑞恩山（Burein）时，底基层主要是石头和岩石。松花江这条主要支流从南部汇入。这条大河的流域（约2000千米长）占黑龙江流经区域的1/4还多。

上游从结雅河的交汇处到黑龙江的发源地，即石勒喀河和额尔古纳河的汇合点。据说成吉思汗就诞生在奥龙河（蒙古石勒喀河的两条主要支流之一）沿岸附近。其河道形态及底基层是山区河流的典型特征：单一河道、坡度较大、沉积物颗粒较大。在这个河段，黑龙江及其支流蜿蜒穿行于蒙古和西伯利亚南部的高原。这里的高原地势高，分割不那么严重。在覆盖着北方针叶林的陡峭的山谷中，黑龙江及其上游支流切开河流通道，形成充满曲流痕的洪泛平原。

这个流域的气候以潮湿的大陆性气候或亚北极气候为特征。在亚北极气候地区，冬季严寒、干燥，夏季凉爽。在潮湿大陆性气候地区，冬季寒冷、干燥，但夏季却潮湿、温暖。冬季主要由寒冷干燥的西伯利亚高压带控制，所以降雪很少。结果，在没有厚厚的冰雪隔绝层的条件下，低温使土壤上冻，湖泊河流结冰。许多迁徙到黑龙江产卵再回到洪泛平原生活的鱼种必须在主河道过冬，因为湖泊可能从上到下结冰。流域的大部分地区处于永久冻土层。

干燥冬季的另外一个后果是，雪融化相对于降雨来说并没有使黑龙江年流量增加（只占流量的15%～20%）。支流和湖泊每年从11月至第二年的4月或5月一直被冰层覆盖。温和的夏季降雨量为10～20英寸（约25～50厘米），这样的降雨通常来自太平洋湿气，常常与台风有关。

这种气候导致黑龙江的流量季节性波动极大。靠近哈巴罗夫斯克市的河段，冬季因为支流结冰，流量低到7000立方英尺/秒（大约200立方米/秒），或更低。在夏季发洪水时，流量可高达140万立方英尺/秒（大约4万立方米/秒）。这种每年极低和极高的流量，再加上冰冻条件和浮冰，使河道变得不稳定，激流生态系统受到高度干扰。鱼群数量每一年都不一样，这是由于季节性水位波动和极端气候条件造成的。

黑龙江的动植物群落

植物 在这条河的源头，事实上在整个黑龙江流域，因为每年水位波动极大，所以水生或半水生大型植物相对很少。虽然浮游植物在源头很少，但是固着生物可能在暖季会快速增长。在此期间，树冠覆盖面没有完全闭合。在河流中段，河流内部重要的浮游植物是水藻和苔藓。在下游，因为浑浊度、深度和干扰的加大，还有缺乏合适的基层，所以，固着植物群落减少了很多。然而，在夏季，在下游河流中，有时能发现密度很高的浮游植物（不管是低水位时，还是水位下降、洪泛湖湖水流向河流时）。浮游植物的绝大部分是硅藻和绿藻，还伴随着大量的蓝藻细菌。人们认为湖泊是高密度浮游植物的来源。因为其中许多湖泊是富养湖，因此大量捕鱼是很普遍的。非常有趣的是，在河流的冰冻期（主河道大约五个月），一个嗜寒的微生物群在冰的底层形成。这种硅藻不仅可以幸存下来，而且在厚厚的冰层下面，在光线急剧减少的条件下还能茂盛地生长。它是光合作用下产生的主要物种。

无脊椎动物　黑龙江之所以闻名，不仅是因为鱼的种类繁多，而且还因为无脊椎动物种类也很多。正如RCC所预料的那样，黑龙江的源头支流接收了大量来自陆生环境的有机物。相对于下游流域来说，基层的颗粒相对较大（砾石和鹅卵石）。正如RCC表明的那样，这些溪流中像"粉碎动物"一样的无脊椎动物的比例很高。代表目包括苍蝇（双翅目昆虫）、蜉蝣（蜉蝣目）、石蝇（翅目）和石蛾（毛翅目）。双翅目昆虫包括网蚊科、摇蚊科和蚋科的水生幼虫。网蚊科是有网状翅膀、生活在山中小溪（坡陡并且有岩基层）的蚊虫。它们腹部配有吸盘或吸杯，因此它们能在激流中停留。摇蚊科是幽蚊幼虫，蚋科（咬人的黑蚊子）被北方户外的工人和探险者痛恨。在森林覆盖的源头，还出现了两种贻贝。

在河的中段，人们观察到底栖群落的改变与无脊椎动物朝自产方向变化是一致的。在无脊椎动物中"粉碎动物"越来越少，却有更多的"采集动物"和食草动物。下游的洪泛平原河段，底栖生物包括软体动物，其中包含一些罕见的贻贝物种，双翅目、蜻蜓目、蜉蝣目、翅目和毛翅目，以及水生蠕虫。在夏季低水位条件下，水藻的茂盛可能会导致昆虫幼虫集合的改变。因为蜉蝣目、翅目和毛翅目昆虫随着摇蚊的增加而减少。一般来说，底栖群落能够反映基层和水文状况。

鱼 黑龙江里大约有120种鱼。其中，7种是自产的，3种是引进的。这个总数比北方的欧亚河流多得多。在上游及其支流河段，河鳟、哲罗鱼和细鳞鱼非常普遍。哲罗鱼是世界上最大的鲑科鱼（鲑科鱼包括鲑鱼、鳟鱼和白鱼；见第一章），总长可达6英尺（约180厘米），重量超过200磅（大约90千克）。尽管这已经很惊人，但传说中，它们的长度可达30英尺（约9米），重4吨。

在河的中游和下游，有两种鲟鱼，其中一种是黑龙江鳇鱼。它被国际自然保护联盟列入濒危物种红皮书中。这种曾经数量很多的鱼总长可达10英尺（约300厘米），重量660磅（约300千克）。但是过度的捕捞，再加上相对低的恢复力（它繁殖率很低，因此其数量不能在耗尽之后再反弹），已经导致其数量的下降。

在河流的洪泛平原及洪泛湖段，不论是上游还是下游，普遍存在的物种包括几种鲤鱼、黑龙江梭子鱼及黑龙江鲶鱼。在这些栖息地中，出现了几种罕见的鱼种，包括黑龙江黑鲤鱼、鲈鱼和黑鱼。

正如人们根据事实预料的那样，黑龙江到目前为止主河道还没有修筑水坝，因此出现大量的迁徙鱼。其中有太平洋鲑鱼、七鳃鳗和欧洲胡瓜鱼。

问题与展望

在宽阔的黑龙江洪泛平原河谷内，人口快速增长，导致捕捞加快，农业、伐木和采矿所造成的环境破坏进一步恶化。因此，自从20世纪60年代以来，鱼的总数一直在下降。上游支流的伐木使得沉积物增加，进而减少了迁徙鲑鱼的栖息地。来自城市中心的污染，尤其是来自农业的养分污染已经带来了超营养状态，即水藻爆炸性繁殖。随之而来的低氧条件导致大量鱼和无脊椎动物死亡，尤其是在湖泊体系。已有报道称，在兴凯湖，生物的多样性在快速减少，这是由于农业和水产业的超营养化和过度捕捞造成的。

在俄罗斯沿岸，某种有商业价值的鱼群的减少迫使政府颁布法令，组织或限制鲟鱼和鲑鱼的捕捞。人们正在努力恢复栖息地，尤其是鲑鱼产卵的栖息地。然而，如果俄罗斯和中国按照已报道的计划在黑龙江主河道修建4座水电站和水库，那么针对迁徙鲑鱼的努力注定是徒劳的。河流系统这样的改变预计将大量减少鲑鱼群的数量，带来水生生态系统的重大改变。

田纳西河和纽河

从地质学角度来看，阿巴拉契亚山脉是古老的地区。曾经是又高又崎岖的山脉，现在已经磨损。这是由风、雨、冰的侵蚀和几千年树木及其他植物的活动所造成的。结果，这一地区的景色呈现了线条柔和的山脉、长长的山谷、闪闪发光的山中小溪、灰色的谷仓和良田以及劳作的女人们。在这一区域的中心，是两条大河的源头，最终经由同一条路线（却又是分叉的）进入大洋。这两条大河就是纽河和田纳西河上游（见图2.11）。

纽河河谷起源于北卡罗来纳州中西部的高山之中，然后向北延伸，沿着河流蜿蜒前行，进入弗吉尼亚州，然后再转出来，进入西弗吉尼亚州，在那儿凿出深谷。就在进入深谷之前，纽河接纳了它的最大支流——绿蔷薇河。它向南流，进入纽河，再流经长长的狭窄的水域，向北延伸大约165英里（约265千米），进入深深的西弗吉尼亚峡谷。从深谷流出后，纽河与高利河汇合，形成卡纳瓦河–俄亥俄河的支流。俄亥俄河最终流向西南，成为密西西比河的最大支流。纽河从北卡罗来纳州源头带来的水最后汇入墨西哥湾。

　　纽河大约320英里长（约515千米），其水域面积接近7000平方英里（约1.81万平方千米）。它在卡瓦那瀑布（就是它与高利河汇合点的上游）每日的平均流量大约是1.2万立方英尺/秒（约340立方米/秒）。纽河穿过阿巴拉契亚山脉长长的山脊和山谷（往往是西南—东北方向）。一些地质学家认为纽河非常古老，也许是北美最古老的、世界上第二古老的河

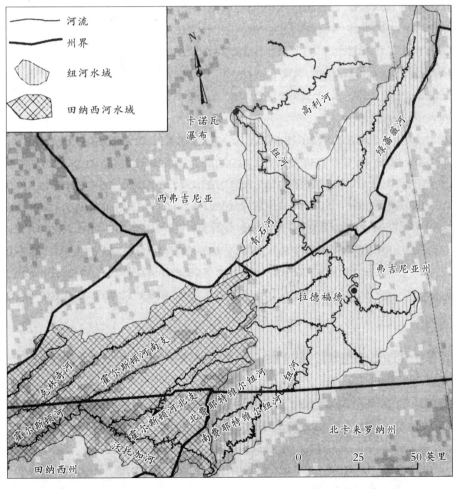

图2.11　比邻河流体系：田纳西河上游和纽河　（伯纳德·库恩尼克提供）

流。虽然其年龄令人质疑，但是它包含了一些世界级的激流。这条河较大的比降和阻挡水流的巨大岩石使河流在穿越800英尺（约244米）深的深谷时，会出现很多激流。来自田纳西河源头的水最终也进入墨西哥湾，并经由更南边的线路入海。田纳西河比纽河大多了，是俄亥俄河的一条主要支流。它在俄亥俄河与密西西比河交汇处不远的地方也加入进来。这个水域面积为4.03万平方英里（约10.44万平方千米），它与俄亥俄河交汇点的平均流量为6.84万立方英尺/秒（约1937立方米/秒）。

田纳西主河道开始于田纳西州的诺克斯维尔。在那里，霍尔斯顿河和法兰西布罗河加入到主河道。距下游不远处，主河道在流向俄亥俄河的过程中，失去了河流的特点。田纳西州流域管理局在这条河上修建水坝，使其转变成一系列水库，而且彼此距离很近。剩下的一小段河流是从下游的最后一个水坝肯塔基水坝到俄亥俄河。即使在诺克斯维尔河上，也有几座水库。但是田纳西河自产生物多样性在不可靠的源头还在继续着。它们包括克林奇河、鲍威尔河、霍尔斯顿河、法兰西布罗格河、小田纳西河以及其他一些小河。在阿巴拉契亚山脉南部，这两条河的源头，即田纳西河和纽河，被狭窄的山脊分开。

纽河和田纳西河都位于新北生物地理区和密西西比河流域。每年的降水量根据不同的位置和地势而不同。一般来说，田纳西河上游降雨量（48英寸约122厘米）比纽河中下游（42英寸约107厘米）要高。这两条河流的源头处于好几个地文区：蓝岭、山谷和山脊、田纳西河的坎伯兰高原以及纽河的蓝岭、山谷和山岭。纽河确实最终穿过坎伯兰高原，但是并没有出现在源头。

这两条河虽然同处一个水域，并且最终归属于密西西比河流域的一部分，但是它们处于不同的淡水生态区，主要是自产鱼分布的不同。纽河是像提斯河（Teays River）一样古老的俄亥俄河水生生态区的一部分。它包括俄亥俄河与它的支流。提斯河，就像纽河一样，是一条古老的河流。其向西北流入古老的密西西比河。在它历史上的某一段时间，曾流入现在的圣劳伦斯河，并且与那个体系共有一些鱼种。这个生态区的源头拥有不同寻常的大量的自产鱼、贻贝和小龙虾，其中包括许多特有的种类。而纽河拥有的物种少得多，至于原因，我们将在下面讨论。

田纳西河向北与坎伯兰河合并，明确了田纳西–坎伯兰水生生态区的界限。这个河流体系，就像纽河一样，地质上很古老。这就使得各种物种的形成有足够的时间。另外，这个水生生态区包括各种各样的地文区，形成了大范围的栖息地类型和环境条件。在这两个因素基础上，在北美这个生态区淡水生物种类最多，大概在世界上也是最多的，至少在温带淡水生态区是这样。

田纳西河上游自然环境

在蓝岭地文区，田纳西的源头向西，再向西北流动，穿过大部分森林覆盖区。这个区域包括北卡来罗纳州的西北和南卡来罗纳州与佐治亚州的部分地区。这一地区土质构成主要是火成岩和变质岩。海拔一般3000英尺（约914米），但只有米切尔山的山峰达到6684英尺（约2037米）。河流的比降很大，底基层大多是基岩和大圆石。土生土长的生物产量很低。流经源头的蓝岭部分包括诺利查基河、沃托拉加河（南福克霍尔斯顿河的支流），及法兰西布罗格河的部分河段，还有海沃西河和小田纳西河。

山岭和山谷地文区主要是长长的平行的沉积岩构成的山脊，山势走向从东北到西南。这个区域的河流沿着谷底流淌，坡度相对较缓。底基层主要是冲积沙、砾石和鹅卵石。山谷里主要是农业用地，山岭被树林覆盖。浅浅的河流蜿蜒穿过山谷，比山岭上的低阶河更具繁殖力。因为它们往往河面很宽，树荫遮不住。鲍威尔河、克林奇河和霍尔斯顿河都是田纳西河的源头溪流，流经山岭和山谷地文区。

然而，鲍威尔河与克林奇河的源头中也包含一些流经阿巴拉契亚高原的溪流。这个高原是低山区，山谷陡峭狭窄，地势崎岖不平。例如，盖斯特河是克林奇河的支流，来自阿巴拉契亚高原（有时这个地区也被称为坎伯兰高原）。这个地文省是在大块冲积岩被翘起或折叠时形成的。其表面的树突状河流网侵蚀着极其复杂的地形。因为这一地区可耕种的土地和可在此搞建筑的土地相对很少，所以大多地方都覆盖着森林。除了最低阶的溪流之外，坡度一般较缓，除非出现瀑布。河道底部主要是沙土和基岩，河道的特点就是有很多浅滩和激流。

自然资源的开采（树木和煤）已经在许多河道中留下痕迹。当这一地区的森林最初在19世纪被砍伐时，原木顺流而下形成水坝。这些木质水坝储存足够的水，使大量的原木漂向下游。这个过程使许多河道摩擦成基岩，并且河道的形态（及其水生生物）也可能正在恢复。采矿已经改变了本地区一些河流的物质特点和水的质量，一般是指对水生生物的损害。大量细小沉积物对底部栖息地的窒息作用是一个普遍存在的问题。

纽河自然环境

纽河的主河道开始于北卡来罗纳州阿西亚和沃托加县的北福克纽河和南福克纽河的汇合点。从这点到上游，纽河有700多平方英里（约1813平方千米）的水域，800多英里（约1287千米）长的河道。这个水域的最高海拔是北卡罗来纳州蛇山，高4800英尺（约1463米）。纽河上游最陡的地段是临近弗吉尼亚州的弗里斯河。在这个河段，河流从蓝岭高原过渡到山谷和山岭地文区。还是在靠近弗里斯河的地方，纽河遇见主河道上四座水坝中的前两座：靠近弗吉尼亚州拉德福德的克莱顿水坝和靠近西弗吉尼亚辛顿的青石大坝。这两座大坝储存大量的水，对河流环境有重大影响。

纽河向西北穿过弗吉尼亚。它的底基层在冲积基层（淤泥、沙土、砾石、鹅卵石）和基岩之间交替变换。其深度大约是6英尺（约2米），河道宽几百英尺（约100米）。激流在河流通过抗蚀岩石层时形成。例如，当它在弗吉尼亚大瀑布遇到卡斯塔罗拉砂岩时就会形成激流。另一个主要的激流源于弗吉尼亚砂岩瀑布顽固的砂岩。在砂岩瀑布下面，河流继续穿过。而阿巴拉契亚高原就在其上方，形成著名的纽河大峡谷。

从上游到下游，纽河的大支流包括来自东部的特尔河、西部的青石河及北部的绿蔷薇河。尽管绿蔷薇河只有165英里（约266千米）长，但并没有修坝储水。

从生物地理角度看，这条河很重要的特征是卡诺瓦瀑布。现在它已被并入西弗吉尼亚鸟巢的水电工程。卡诺瓦瀑布与峡谷和峡谷开始地段的砂岩瀑布一起，被认为部分地回答了长期以来一直困扰动物地理学家们的问题：为什么纽河相对贫瘠/发育不良？也就是说，为什么纽河相对于本地区其他河流鱼种较少？

田纳西河的生物群

植物　河流及河边的大型植物包括水柳、红枫、风箱树、杨木、紫树属树、美洲桐木及黑柳等。

无脊椎动物　田纳西河主要以鱼的种类繁多而闻名，而它的无脊椎动物物种也很多。其中一种底栖无脊椎动物群就是小龙虾。在田纳西坎伯兰淡水生态区中就有65种小龙虾，其中40种是当地特有的。突出的代表有原螯虾属、螯虾、叉肢螯虾属的小龙虾。叉肢螯虾属的一个成员——锈色龙虾，被广泛引进到北美河流系统，包括田纳西河和纽河。人们认为它在这里对当地的小龙虾是一种威胁。在田纳西河，11种龙虾（包括欧贝龙虾）都很罕见，并受到保护。

田纳西河比小龙虾更有名的是种类繁多的淡水贻贝。在人类改造河流之前，在水域面积减少之前，田纳西坎伯兰生态区有125种贻贝，其中100种是田纳西河自产的。由于大多数贻贝需要在河边生长（即水流快、浅滩、通气好的水域），因此许多种已经在田纳西主河道灭绝。贻贝种类的丰富在田纳西河上游弗吉尼亚支流（克林奇河、鲍威尔河和霍尔斯顿河）中是很突出的。然而，即使在这里，这个独一无二的种类也受到很多威胁，数量也在下降。有些已经灭绝了，而其他许多种类被列入濒危保护系列，或者是联邦政府或州政府关注的物种（见表2.2）。

其他主要的底栖无脊椎动物群包括等足类动物、节肢动物、蜗牛和昆虫。蜉蝣、石蝇、蜻蜓和豆娘、蝽、石蛾、苍蝇、蜻蜓科昆虫、鱼蛉

表 2.2　美国鱼类野生动物管理局列出的田纳西河上游濒危贻贝

濒危贻贝	拉丁文学名
阿巴拉契亚猴脸珍珠贻贝	*Quadula sparsa*
鸟翼珍珠贻贝	*Conradilla caelata*
开裂珍珠贻贝	*Hemistena lata*
坎伯兰豆贝	*Villosa trabalis*
坎伯兰鸡冠	*Epioblasma brevidens*
坎伯兰猴脸珍珠贝	*Quadrula intermedia*
单峰驼珍珠贻贝	*Dromus dromas*
扇贝	*Cypogenia stegaria*
猪脚贝	*Fusconaia cuneolus*
绿花丛珍珠贻贝	*Epioblasma torulosa gubernaculum*
小翅膀珍珠贻贝	*Pegias fabula*
牡蛎贻贝	*Epioblasma capsaeformis*
粉红淡水珍珠贝	*Lampsilis abruota*
紫豆贝	*Villosa perpurpurea*
粗糙猪蹄贝	*Pleurobema plenum*
粗糙兔脚贝	*Quadrula cylindica strigillata*
闪亮猪蹄贝	*Fusconaia cor*
褐色浅滩贝	*Epioblasma wakeri*

和蛇蜻蜓，还有甲虫等都出现在这个流域。

脊椎动物　田纳西河拥有相当多鱼的种类。现有248种，其中223种是田纳西河土生土长的，32种是特有的；还有一种，即美洲鳗鱼是下海产卵的。镖鲈（鲈科）是广泛的代表，有42个种；其他鱼科包括鲤科鱼（鲦鱼和鲤鱼）、亚口鱼（亚口鱼科）、鲶鱼（叉尾鮰科）和太阳鱼。

在河流的源头，鱼的种类最多。在弗吉尼亚河、克林奇河、鲍威尔河及霍尔斯顿河体系的上游供养了117种鱼（98种自产鱼，16种特有鱼，19种引进鱼），是弗吉尼亚河流体系中鱼种最多的地方，并且比邻近的纽河种类多得多。在弗吉尼亚境内田纳西河的源头，鱼群和无脊椎动物群落出现了明显的不同。这些不同归因于几个因素。流经面积（即取样点上游水域的规模）直接控制种类的多样性和物种的混合，就像生态区和地文区一样。最与众不同的鱼群集合是在蓝岭地文区内南福克霍尔斯顿河源头的冷水中发现的。其特点很鲜明，有田纳西闪光鱼、镜面闪光鱼、扁平大头鱼、河弓背鲑、扇尾镖鲈和斯旺纳诺阿镖鲈等鱼种。坎伯兰高原支流的鱼种中，最特别的是橘红镖鲈。而山岭和山谷河流的特点就是拥有条纹闪光鱼、望远镜闪光鱼、钝鼻鲦鱼、带状杜父鱼、金红马、绿边镖鲈、红线镖鲈、曲口鱼、白尾闪光鱼、条纹闪光鱼及翘鼻镖鲈等。

田纳西河还有一些令人感兴趣的鱼种：匙吻鲟、湖鲟和蜗牛镖鲈。美国的匙吻鲟（见图2.12）是匙吻鲟科两个种类当中的一种，并且是田纳西河流体系中发现

图2.12　美洲匙吻鲟　（作者提供）

的最大鱼之一。它有桨状嘴，被认为是原始鱼，因为它一亿年以来本质上并没有改变。匙吻鲟是以浮游动物为食的滤食动物，处于很大的生存压力之下，因为它有像鱼子酱一样的卵子，所以可能被非法捕捞。湖鲟在鲟目中是匙吻鲟的亲戚，这一目只包含匙吻鲟和鲟鱼。以前曾经在整个田纳西河流体系非常普遍的湖鲟，现在又重新被引进到源头。

蜗牛镖栖息在田纳西河，是许多不为人知、没有经济价值的特有鱼的标志。这种3英寸（约7.62厘米）长的小鱼栖息于凉爽、清澈的溪流中的浅滩上，正如低阶河流中发现的那样。如果不是因为以下的两个原因，蜗牛镖就会继续在默默无闻之中生活下去，更有可能在默默无闻中灭亡。这两个原因是：第一，美国濒危物种法的颁布与实施。第二，计划在小田纳西河上修建的泰利库大坝。如果大坝建成，那么溪流中的这些小鱼，就会被淹没在泰利库水库的下面。然而，在1975年，在濒危物种法颁布之后，它被列为濒危物种。那些支持修建大坝的人们惊骇地发现，为了保护一种不重要（依他们之见）的、很小的鱼，他们的项目有可能延缓。通过各种政客和官僚的操纵，包括在濒危法之下修改规则，大坝的支持者最终赢得许可，继续完成大坝的修建，不理会蜗牛镖所处的濒危状况。随后，其他蜗牛镖种群被发现，还有一些蜗牛镖种群因繁殖而确立。然而有关这种小鱼的争议，在70年代成为大量媒体和公众的焦点，并且使蜗牛镖成为美国最有名的鱼。

田纳西河流体系种类繁多的鱼和贻贝内部相互联系。这两类动物在相同的河流体系中共同进化，看它们如何缠绕交织在一起令人感到非常愉快。

贻贝是滤食动物，生息在很浅的、湍急的河流中，基层是干净的沙土、砾石或鹅卵石。它们生命期很长。在田纳西河流体系的许多河段，活的样本和种群都很古老。因为没有小贻贝，最终，即使没有人类的推动，它们也会灭亡。对现存种群的补充几乎是零，因为对于贻贝来说，鱼类是它们繁殖成功和继续存在的关键。而在很多情况下，鱼类已经灭绝。

　　像大多数美国东部的水生生态区一样，田纳西河有种类丰富的两栖动物、爬行动物（乌龟和蛇、鸟类），还有海狸、水獭和麝鼠。田纳西流域尤其引人注意的一类动物是蝾螈。蝾螈中有几个种类只生活在溪流中，包括铲鼻蝾螈。它分布在田纳西河流域东部高高低低的边缘地带。这种小型两栖动物是无肺螈科的一员，生活在岩石高地上的溪流中。另外一种专性溪流栖息者来自大鲵科，可能是阿巴拉契亚山脉南部最著名的蝾螈——即传说中的大鲵鱼。大鲵鱼夜间捕猎，以小龙虾为食，白天躲藏在溪流甚至大河中间的大岩石下。当地人还称之为"逆戟鲸""泥猫"或"阿勒格尼鳄鱼"。其长度可达29英寸（约74厘米）。

纽河生物群

　　一般来说，纽河流域的陆生生物群落与田纳西河的陆生群落没什么太大的差异，尤其是在同一个地文区。然而，对于那些没有天上飞行或陆地生活经历的鱼和淡水生物来说，却有很大的不同。

　　正如前面提到的，纽河在自产鱼方面"发育不全"，也就是说，按照它的水域和河流规模，它的自产鱼种类比人们预料的少。只有46种自产鱼，包括8种特有鱼，再加上入海产卵的美洲鳗鱼。只有一种棘臀科鱼——蓝绿鳞鳃太阳鱼。渔业部门管理者和非法捕捞者吹嘘纽河还有42种鱼，主要是非自产的、引进的鱼种。引进的或类似于引进的鱼有11种鲤科鱼（鲦鱼和鲤鱼）；10种棘臀科鱼（太阳鱼），包括价值很高的游钓鱼类，例如，大嘴黑鲈鱼和小嘴黑鲈鱼；单一的弓鳍鱼；一些用作食饵的种类（例如鲲状锯腹鲱），很显然是为引进的食肉游钓鱼类提供食物的；金红马是田纳西支流自产鱼；几种鲶鱼；鲈科的条纹鲈鱼和白鲈鱼；河鲈科的几个成员，包括鼓眼鱼；还有无处不在的虹鳟和棕鳟。此流域特有的鱼类包括大嘴白鲑和两种鲤鱼科的青石杜父鱼、阿巴拉契亚镖鲈、卡诺瓦镖鲈和彩镖鲈。

与田纳西流域临近河流相比（更不必说卡诺瓦河流域下游的残余部分），纽河贻贝种类也很少（见表2.3）。卡诺瓦河（卡诺瓦瀑布下游和纽河峡谷）自身只有大约40种自产贻贝，在纽河只发现11种。卡诺瓦瀑布上的种类稀少，种群最近几十年来一直在减少。

淡水贻贝的繁殖策略

贻贝两性繁殖，雌性孕育卵子，雄性在毗邻雌性的地方排出精子，使卵子受精（见图2.13）。雌性排出受精卵，发育成幼虫形式，被称为河蚌幼虫，然后它们大量进入这个水域。为了生存，河蚌幼虫必须寄居在某种"宿主鱼"的鳃中。这种宿主鱼带着它们，不会给它们带来伤害，直到它们长到足够成熟，能够自己生存。在那个时候，它们就脱离"主人"。然后贻贝就开始了自己在基层的生活。这样，贻贝就散播到新的栖息地。

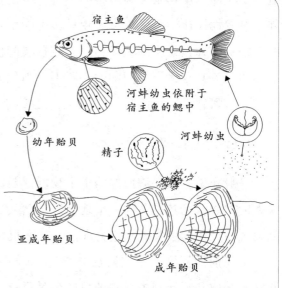

图 2.13　淡水贻贝的繁殖循环　（杰夫·迪克逊提供）

贻贝施展了一些计策以便获得宿主鱼。一些贻贝把幼虫排放到鱼会吃掉它们的地方；大多数被吃掉，但是有一些依附在鱼的鳃中；其他贻贝分泌黏液和幼虫的混合物，看起来像凝胶状的虫子，当它们被鱼袭击时，它就释放幼虫。有些甚至在鱼饵上用上绳子，就像人类钓鱼时一样。最有趣的办法是雌性贻贝利用拟态伪装引诱鱼靠近以便把幼虫喂给它们。这些贻贝黏在壳外面的覆盖组织，看起来像专门的"宿主鱼"的猎物或者昆虫幼虫。不幸的是，对于某些濒危贻贝来说，如果它们的宿主出现改变的话，它们的命运也是注定的。发生在宿主身上的事情是这样的：许多鱼所需要的自由流动的水体和干净的粗糙的基层已经消失（被掩埋在水库下面或被淤泥堵塞）。这样，贻贝逃离这些恶劣环境的美好愿望也迷失在同样的环境中。

表 2.3　纽河的贻贝种类

名　称	拉丁文学名
鹿趾贝	*Alasmidonta marginata*
巨漂贝	*Pyganodon grandis*
绿漂贝	*Lasmigona subviridis*
淡水贝	*Actinonaias ligamentina*
纸池壳	*Utterbackia imbecillis*
枪柄贝	*Tritogonia verrucosa*
钱袋贝	*Lampsilis ovata*
沃蒂拜克	*Cyclonaias tuberculata*
钉贝	*Elliptio dilatata*
田纳西贝	*Lasmigona holstonia*
波灯贝	*Lampsilis fasciola*

　　纽河自产种类的减少有以下几个原因：第一，下游的障碍（卡诺瓦瀑布、砂岩瀑布以及纽河峡谷）阻止了来自密西西比河流体系的鱼和其他生物（例如搭鱼的便车）向上游游动。纽河虽然地理上孤立，却有百分比相对较高（17%）的特有鱼。第二，气候可能是另一个原因。与田

纳西河或者纽河周围任何其他水域相比,纽河及其水域的海拔较高,因此气温较低。人们曾经提到在冰川反复形成期间,纽河峡谷变得非常寒冷,不耐寒的鱼(也许还有贻贝)因此灭绝。这些同样的物种却在低海拔的古老的俄亥俄河流体系幸存下来。当纽河的温度变得更适合其生长时,它们因自然障碍也没有重新移民到纽河。第三,纽河的高海拔意味着它更有可能因河流袭夺失去物种,而不是获得物种。田纳西河上游和纽河有可能在它们的源头交换河流袭夺的物种,这样使物种混合。但是,在纽河物种有可能灭绝,并不能重新繁殖。

两条河的前景展望

田纳西河　令人鼓舞的是,人们越来越注意保护田纳西河突出的水生生物的多样性,尤其是鱼和贻贝的多样性。但是我们不能对长远的趋势抱乐观的态度。当然,很多州和联邦机构,还有像自然保护协会这样的非政府组织都在致力于保护恢复栖息地、饲养鱼和贻贝以及减轻污染等。然而,田纳西河及其支流所面临的一系列问题,并不是这些有限的努力在可见的未来就能解决或改善的。与此同时,污染在继续:农业、建筑和开采矿藏还在继续,环境退化也在继续,甚至加速,偶尔因灾难性的事故而加剧。在北福克霍尔斯顿河上,现已废弃的奥林马蒂逊有限公司化学工厂的污染长久以来一直存在,偶尔还有汞污染的淤泥排入河流。这一切大概已经致使霍尔斯顿河内的几个鱼种灭亡,更不要说无脊椎动物了。除了一系列的污染源之外,克林奇河还曾经发生了几次较大的化学溢漏,这对下游数千米的河段造成了灾难性的影响。1967年,储存发电厂煤灰的废物储存坝发生了爆炸,大量含碱性很高的淤泥排入河流。在长达12英里(约20千米)的下游河段中,所有生物都死亡了。几年之后,那段河流又遭到同一个工厂硫酸溢漏的破坏。

1998年,一辆载有有毒化学物质的卡车侧翻,将1000加仑(约3785

升）致命化学物质倾入克林奇河。这次污染使河水变白，致使长达7英里（约11千米）的下游河段中大部分水生生物死亡，总计大约2万种贻贝，包括3种列入濒危动物保护法中的动物。煤矿开采还在继续影响着克林奇河、鲍威尔河及霍尔斯顿河的许多支流。

对于田纳西河贻贝来说，更加隐蔽的威胁是外来的、具侵略性的斑马贝。它产自俄罗斯东南部的湖泊。斑马贝是通过船只排放压载水进入美国的圣路易斯河，然后又进入五大湖。其现在已经遍布美国的各大河流体系。

纽河　纽河的动物群很可能随着人类活动的加剧而继续改变。纽河目睹了大河流体系中鱼群的最剧烈变化，并且物种多样性的改变及分布在加速，而不是变平稳。人们会看到大量外来鱼对自产鱼的最终影响。这条河的各个河段目前受到损害，因为出现了有毒工业化学物质多氯联苯、汞和其他几种有害化学物质。来自林业、农业和建筑的沉积物是一个长期的问题，它毁坏了各种动物的栖息地。确实，大多数阿巴拉契亚山脉南部的河流还在从形态上调整来适应一百年前（当原始森林最初被砍伐时）就开始的大量沉积物的输入。尽管似乎不可能再建新的水坝，但现存的大坝对河流的改变就已经形成了未知（因为它还没有被研究）的支流。不幸的是，因为酸雨和气候改变的威胁，这个独一无二的河流体系的生物完整性（尽管已经受到严重威胁）很可能继续受到破坏。

人类对河流生物群落的影响

根据美国国家研究委员会的报告，"世界范围的水生生态体系正在以比人类历史上任何其他时代都快的速度被严重地改变或毁坏，而且比恢复的速度快得多。"很难想象有哪一个其他群落曾经遭受到像河流这样广泛的改变，坦率地说是衰退。许多改变被赞助者看作是改善。例如，清淤以便让船只通过、修建水电站、修建防洪堤以及引进鲑科鱼等。这一切都致使作为生物栖息地的河流退化。它们可能为某些人带来福利，但是除了河流恢复项目（很少）之外，其余的都对生态有负面作用。也就是说，许多改变都是蓄意的，而且（除了以最间接的方式）会给人类带来危害。例如，酸雨使水生系统环境酸化、农业和土地开发的副产品——沉积物沉降、非有意引进侵略性有害物种、城市污染以及气候影响等。难怪淡水生物群是整个世界唯一最受威胁的动物群。

关于人类活动如何影响河流，人们普遍的看法集中在一种特定的影响上——污染，而且一般指的是工业污染。然而，还有许多人为的改变影响了河流体系的完整性。水生环境生物完整性的定义为，"维持平衡的、完整的、有适应能力的生物群落的能力，与本地区其他自然栖息地相比，有种类构成、多样性和功能性组织"（Angermeier and Karr 1994）。一个生态体系的完整性类似于健康概念。对于一个健康的人来说，某些条件必须达到：拥有完整的器官并正常运转。相同的是，对于拥有生物完整性的河流来说，所有的部分——物种、栖息地、流水动态和水质量都必须处于一种适当的状态，并一起运转。如果任何一部分失去或被改变，生物完整性就无从谈起。因此，许多人类活动尽管给自身带来益处，但它对河流生物群落的冲击却破坏了生物的完整性。

在许多工业国家中，人们越来越意识到人类活动对河流小溪的影响。焦点不仅仅集中在水污染上，尤其在城市是这样。一些国家和国际组织把焦点集中在溪流的恢复上，而且当地无数的环保组织都设立了针对当地河溪的恢复项目。河流恢复的知识和技术已经有很大进步。

城市地区的河流似乎刺激了一些人与"自然"的环境接触的渴望。城市溪流的恢复工程数量在不断增长。有时这种努力包括修复腐蚀严重的河道，在河边种植植被以及恢复栖息地等。它还包括给被埋进地下混凝土管子中的溪流做"日光浴"。日光浴的意思是使溪流再次暴露在阳光下，重新修成工程渠道。这种渠道在外观和栖息地价值上近似于自然河道，同时还能满足雨水管理的需求。

在某些情况下，当地溪流恢复工程（这里有100码河道，那里有200码河道）是整个流域改善下游水质量的不可分割的部分。正如水域出口的水质量综合代表了许多当地的特殊条件一样，下游水质量的改善也取决于当地条件的改善。在美国，一个恰当的例子是切萨皮克湾项目。这是一个联邦政府和马里兰州、宾夕法尼亚州及弗吉尼亚州联合改善切萨皮克湾水质量的项目。这个水湾的水质量问题很严重：它是濒临灭绝的生态系统，几乎不能继续维持下去了，但这是由整个水域上游的条件造成的。因此，解决的办法并不在这个水湾，而在于这个水域数万千米长的支流、农业用地和城市地区。切萨皮克湾项目为许多溪流的恢复提供了庇护和大量资金。在美国大西洋西北沿岸，人们也做了很多工作。那里的溪流恢复集中在鲑鱼栖息地的改善上。类似的大规模水域的恢复正在美国的其他水域进行着。欧洲、澳大利亚、日本和其他一些地方也在做同样的事情。

第三章
湿地生物群落

　　1971年在伊朗拉姆萨的一次会议上，世界上大多数工业国家和很多发展中国家达成一致协议：湿地是有价值的环境资产，应予以保护。到2006年，153个国家签署了拉姆萨湿地公约，包括美国在内的许多国家现已各自颁布了本国法规来保护湿地。湿地值得保护这一国际共识代表了数百年来人们对湿地所持态度的彻底转变。

　　尽管对湿地认识的转变可能不彻底，但是这种转变主要是由于对湿地价值功能的科学认知（见表3.1）。湿地可以调控并防止下游洪水泛滥；它们还可以从水中去除养分和沉积物（潜在的污染物）；湿地为大量的动植物提供栖息地；还为那些学会欣赏它们美丽的人们提供欢乐。

　　被指责对湿地保护负有主要责任的美国渔业和野生动物管理局把湿地定义为"陆地和水生系统之间的土地，水位在或接近地表，或地表被浅水覆盖"（Cowardin，Golet，and LaRoe1979）。确认湿地有三个要素：有喜水（亲水的）植物；有所有时间或大多数时间被水浸泡的土壤（湿土）；还有水，更具体地说与地表有关的水位。这三个湿地要素被美国政府机构用来确认湿地。湿地的确认从实用角度来说是很重要的。因为一块土地被认为是湿地，那么它的使用就会受到限制，其价值就可能有重要意义。

　　湿地分类体系已经得到发展，并可以用来帮助科学家、生物学家、生态学家、环境设计者和土地管理者。湿地分类根据下面一个或多个因素划分：水文，包括流体动力学和水文周期及水源（很大程度上决定水质量和营养状况）；盐水和淡水之比；地貌（地形）中的位置以及植被（汇集其他因素，但也包含气候和生物地理学的影响）等。

表 3.1　湿地的特点及其价值

	特　点	效　果	社会价值
水文方面	短期表面水储存	降低下游洪峰	减少洪水造成的财产和农作物的损失
	长期表面水储存	保持河流流动，季节性河流调节	干季保持河流栖息地
	保持高水位	保持水生植物，保持树和农作物生长的地下水水平	保持生物多样性，提高木材和农作物的产量
生物地理化学	成分的转化和循环	保持湿地内养分，生产可溶且部分分解的有机物	木材生产，为下游提供鱼和贝类，提供娱乐和商业打鱼
	可溶物质的保留和消除	降低向下游输送养分和杀虫剂	保持水的质量；保持饮用水安全
	泥炭的累积	保留养分、碳、金属和其他物质	保持水的质量，减缓全球变暖速度
	无机沉积物的累积/保留	保留沉积物和附加的杀虫剂磷酸盐和其他的养分	保持水质量、水清洁，保持溪流中高品质鱼群
栖息地和食物网支持	保持特色植物群落	野生动物的食物寻觅地、避难所和巢穴；鱼和贝类的产卵避难所和养育栖息地；人类食物	供养水禽和其他野生动物、长毛动物、罕见的濒危物种、鱼和贝类等；娱乐和商业捕猎、钓鱼和观鸟
	保持特色能量流	供养脊椎动物和无脊椎动物	保持生物多样性；观鸟，美学

湿地特征

水的特征

正如湿地这个名词所表达的那样，其最基本含义就是湿的土地。湿

的程度和时间决定着湿地中会出现哪种动植物。某一特定湿地一段
时间内水位的涨与落的形式被称为水文周期，即那片土地上水的识别
标志。水文周期的图与河流的水文图类似，它把河流流量（因此形成
水位）和时间联系起来。但一般来说，水文周期的时间范围比河流水
文图标出的要长（见图3.1）。

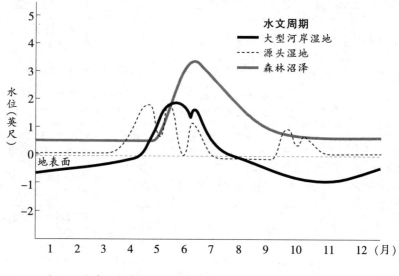

图3.1　北美三个类型湿地的水文周期　（杰夫·迪克逊提供）

　　水平面的涨与落可能有几方面原因：表面或接近表面的降水流失
（盆地形状的湿地）；附近湖泊和河流水平面上升与下降所导致的湿地表
面或亚表面的横向流动；或者地下水位波动。

　　水文周期有时根据表面饱和度来归类。在没有潮汐的湿地（湿地不
受海洋潮汐的影响）上，水文周期也许是永恒的（一直都被洪水浸泡）；
间断的（除了干季之外都被洪水浸泡）；季节性的（每年生长季被淹
没）；饱和的（积水很少见，但是土壤每年至少生长季水分是饱和的）
以及暂时的（在生长期，浸泡时间较短，但之后就不是饱和状态）。在
潮汐湿地中，包括淡水潮汐湿地，水文周期也许会被分为潮线下的（即

使低潮汐期也被淹没）；不规则地暴露（基层被少于每天一次的潮汐暴露出来，例如，只有在极低的潮汐期间）；有规律地淹没（被淹没，然后每天至少暴露一次）以及不规则淹没（并不是每天被淹没）。

在非潮汐湿地中，水文周期主要取决于降水量和蒸发转化。北美东部洼地湿地在冬春季节，水在地表之上，因为此时蒸发转化速度很低。暖和的月份，蒸发转化速度加快，水位退回地表之下。河岸湿地的水文周期（与河流有关的湿地）与河流的涨落关系密切。巴西亚马孙河的洪溢林每年被淹没一次，长达几个月。水平面从地表以下迅速上升到数米。生长期期间至少一周的洪水泛滥是形成湿地土壤的最短时间。

水位的改变可以从湿地水的输入与输出来分析，也就是水的收支。水输入或水源（不同类型的湿地可能不同）可能包括排入湿地的地下水、湿地上的直接降水以及流入湿地的地表水。水输出可能包括地表水渗透回到地下水（地下水重新恢复）、蒸散作用和湿地地表水的流出。随着水的进出，养分、沉积物、各种生物、可溶固体及有机物可能来或走。例如，洪泛平原湿地有规律地从洪水泛滥的河流接受大量的沉积物、养分和有机物。但是湿地的水如果只是通过气体蒸腾作用离开，那么养分、沉积物、有机物和可溶固体将被留下来。这有可能导致盐浓度增高，进而使淡水湿地变成咸水湿地。有机物和沉积物的增加，经过一段时间可以把一种湿地变成另一类型的湿地，也许土壤孔隙被沉积物和有机物阻塞，会延长土壤的饱和时段。

决定湿地湿度的水位被称为地下水位。地下水位是饱和土壤次表层带的最高点。在这个地带，土壤颗粒之间的孔隙被水而不是空气充满。非湿地的地下水位可能处在地表以下几码到数百米。在大多数湿地，地下水位接近地表或高于地表，导致地表积水。雨养沼泽即只靠当地降水（雨和雪）供养的沼泽是例外。这样的湿地必须靠透水性相对不好的土壤生存，也就是说水不能很轻松地透过土壤（这种湿地不靠渗透，而是在洼陷地积聚水，经过长时间的积累就形成了湿地）。

湿地的营养状况与它的水源有密切联系。与河流体系相关的湿地和地下水供养的湿地含有的关键植物养分比雨养湿地要高，尽管也有例外情况。例如，亚马孙河营养贫瘠的黑水、白水流域的洪溢林。

土壤特征

湿地以其土壤是湿土为特点。美国农业部自然资源保护局把湿土定义为"洪水和积水条件下，长时间饱和的，在生长期土壤的上层形成厌氧条件的土壤"。"厌氧条件"指的是由水饱和引起的缺氧。大多数非湿土只是偶尔或短暂地饱和，因此是"需氧"的。这样土壤中的植物根部利用现成的可获得的氧生长。需氧土壤的有机物（枯萎的植物根部、叶子、茎和土壤生物）一旦获得氧气来供养土壤中生物分解的活动，就可随时进行分解。

在厌氧土壤中，有机物的分解缓慢；有些条件下（例如低温），分解非常慢，以至于每年增加的有机物比通过分解除掉的有机物还要多。泥炭湿地的上层土壤由百分之百的有机物构成，单独的植物部分即使过了几个世纪也很容易辨认。

湿地土壤被划分成有机土壤和矿物质土壤。有机土壤有机物比例高（超过三分之一），与矿物质土壤相比它们的储水能力很强，像海绵一样。它们透水性很强，也就是说水随时可以穿过土壤。因此，只有当湿土下面有一层相对不透水的物质阻挡水渗透到地下水系统时，有机土壤湿地才能形成。

有机土壤呈酸性且养分少。它们是在厌氧条件下形成的，而这种厌氧状态源于经常不断的分解速度很低的饱和状态。分解速度低是因为低温和生长季短。土壤科学家们把有机湿地土壤分为三类：分解有机土（泥炭）、半分解有机土（泥炭淤泥）和高分解有机土（淤泥）（见表3.2）。

表 3.2　有机土壤的特征

有机土壤类型	颜色	特征
分解有机土(泥炭土);土纲有机土	棕到黑	湿的有机土:有机物只是进行轻微分解。植物可辨识;低密度;像海绵(多孔性),储水能力极强
高分解有机土(淤泥);土纲有机土	黑色	有机物能充分分解的湿有机土。潮湿时,会污染手指;潮湿时水分过多;可能有腐烂气味;体积密度高;多孔性差
半分解有机土(淤泥质泥炭块);土纲	棕到黑	有机物适中分解的湿有机土;所有特点都处于分解有机土和高分解有机土之间,半分解有机土的分解度比分解有机土高,但比高分解有机土低

　　矿物质土壤的有机物含量不超过三分之一,其含水量低于有机物土壤并且具有相对低的透水性。因为水不能随意流动,在饱和持续的状态下缺氧条件快速形成。矿物质土壤更倾向于中性而不是酸性。营养有效性相对较高。矿物质土壤具有可辨识的特征——铅灰色的底色夹杂着红色。这样的特征是由与饱和有关的低氧条件所引起的生物化学转化形成的。铁、锰、硫和碳都参加了这些化学转化。这些转化被称为氧化还原反应。在低氧条件下,土壤微生物分解氧化铁,使铁易溶,这样它就能和水一起移动。在有些地方它被土壤滤出,但在含氧量较高的地方,或者当土壤暴露在空气中时,它又被氧化。饱和状态下植物根部周围会出现含氧量高的状况。在这样的地区,氧化铁橙色或铁锈色的积累再加上土壤灰色的外貌就形成了杂色土壤。

植物特征

　　实际上,湿地可以形成气候允许植物生长的任何地理环境。如果一个地方有合适的土壤和水文条件,湿地生态系统就会发展起来。人们可以在河流的洪泛平原,尤其是较低河段和排水较差的盆地和洼地发现沼泽湿地。许多大型湿地,如佛罗里达的沼泽地、加拿大麦肯齐河流域的沼泽地以及巴西、玻利维亚和巴拉圭的潘塔纳尔沼泽地,就包括了几种不同类型的湿地。

湿地上的植物或者是专性植物（只能在湿地生长的植物），或者是兼性植物（不仅可以在湿地环境中生长，还可以在其他环境生长的植物）。专性湿地植物99％的时间生长在湿地，只有1％的时间在湿地之外。而兼性湿地植物67％~99％的时间生长在湿地中。专性植物被用来作为湿地的标志——它的出现标志着湿地条件的存在。湿地植物有一些适应方法使它们能在湿地生存。这些适应方法将在后面进一步讨论。因为根据湿地类型和其他的因素，湿地植物之间有很大的不同，所以我们很难列出典型湿地植物总表。例如，草本沼泽由浮出水面的草本植物占据主导地位，而这些植物已经适应了持续不断的洪水泛滥。木本森林沼泽与草本沼泽不一样，由灌木丛和树木占主导地位。而泥炭沼泽中，苔藓占据主导地位。我们将在本章后面部分描述不同类型湿地的典型植物。

湿地的面积和地理分布

人们可以在除南极洲之外的各大洲每一种地理环境中发现湿地。在沙漠、北极、热带雨林和世界上人口最稠密的地区都有湿地。据估计，全球湿地面积变化很大，从330万平方英里到大约800万平方英里（约854万~2072万平方千米），相当于全球地表面积9300万平方英里（约2.4亿平方千米）的3.5％到8.5％之间。乍一看，人们可能以为湿地的全球面积是广为人知的事实，其实不然。虽然整个地球表面可以通过地球卫星来观测、拍照和分析，但是根据远距离看到的数据，要准确区分湿地和其他地形并不容易。不同国家区域的地理数据和湿地的目录表不一致，定义也不一样。另外，湿地是移动的目标。季节性湿地会变干；厄尔尼诺现象和其他定期发生的现象，使得湿地一段时间内扩大或缩小。在每一个地方，人们都在改变着湿地：给它们注水、排干、铺路及恢复

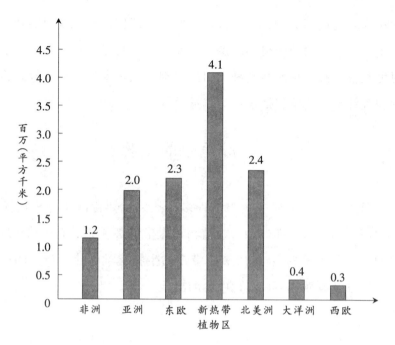

图3.2 世界范围内湿地面积 （杰夫·迪克逊提供）

等。图3.2表明世界不同区域的湿地面积。

考虑到世界湿地面积的不确定性，所以没有湿地消失的准确数字并不令人惊讶。美国拥有相对完整的湿地及湿地消失的数据。在1997年，美国渔业和野生动物管理局估计在地势较低的48个州有1.06亿英亩的湿地，包括1.01亿英亩（95％）的淡水湿地和500万英亩（5％）的咸水湿地。据估计，在中世纪美国地势较低的48个州有2.21亿英亩湿地，现在的总数不到原来的一半。美国渔业和野生动物管理局的最新研究数据表明，淡水湿地消失的速度在下降。但是这一乐观趋势掩盖了草本沼泽和木本森林沼泽持续消失的现象，以及人造池塘数量增加所引起的数据抵消的事实。

尽管缺乏准确数据，但人们有理由推测，几个世纪以来因为湿地不断变成农业和城市用地，因此原来湿地的总量减少了50％，甚至还多，发达国家湿地消失的百分比最高。然而，即使没有大规模的转变，湿地的生态功能和价值也可能减退。即使它们一直是湿地，污染、动植物的过度收获及有毒侵略性物种的引进等都会破坏湿地生态系统。美国湿地面积统计数字并不包括这样的质量考量。

湿地中的生物

湿地生存环境对生物提出许多挑战。主要挑战是低氧或无氧条件（厌氧条件）；水平面波动，动植物和微生物必须能适应极端条件（延长的饱和期和干旱期）；由厌氧菌带来的生物化学转化所产生的植物毒素的出现以及海滩或河口湿地中盐的出现。

微生物

细菌和原生生物适应淡水湿地条件的方式非常复杂且多种多样。它们主要涉及细胞生物化学的适应，即生物在没有氧的情况下也能呼吸并进行细胞的新陈代谢。厌氧菌在亚细胞状态下发育各种机制，处理厌氧新陈代谢的有毒产物（通过排毒排除这些物质）——例如乳酸。它们利用湿地土壤中分解的有机化合物作为能源，并且利用无机土壤成分代替氧做电子受体。兼性厌氧菌能够从氧气做电子受体转变到利用其他的成分。专性厌氧菌利用硫酸盐，生产出氢化硫气体。这种气体的"臭鸡蛋"味道有时与湿地有关。

湿地植物

专门适应湿地环境的植物的出现是科学家确认湿地的特征之一。在细胞水平上，生理学和新陈代谢的改变与单细胞生物中所看到的类似。但是，植物也能长出使它们能在低氧环境中生存的特殊结构并改变其形态（生长形式）。对于浮出水面的植物（扎根于饱和基层，但是大部分都在水面上生长）来说，问题就在根部，它必须有氧气才能发挥作用。如果根部不起作用，它们就不能把水和养分向上输送到叶子，那么植物就死亡了。

通气组织类似于海绵或软木塞的组织（由相对较大的分子之间的空隙构成）的形成使氧气得以从水面植物部分扩散至其根部。有些植物，例如一些桤木（斑点桤木和欧洲桤木）只是为了适应厌氧条件才生成通气组织。如果它们生长在高地环境，就不会有通气组织。通常，特殊结构（例如气胞囊或呼吸根）包括通气组织，将氧输送至湿地植物根部，使过多的氧被根部散发出去，并在根部周围形成需氧的土壤微生物环境。这一层充满氧气，使菌根（植物根须和某些真菌之间的共生联系）得以发展，使植物根部能进行更有效的作用，从而使植物适应湿地生存环境。这个含氧带带来红色氧化铁沉积物，使硫酸盐和金属离子氧化。这样它们就变成无毒的。

如上所述，低氧条件可刺激产生带有通气组织的气胞囊或呼吸根。秃柏的"膝盖"就是形态适应的例子。细长根即"支撑根"也有气胞囊。这些在湿地植物（例如红树）中很普遍。

在一些常见的、枝叶漂浮的木本湿地植物中，空气在压力下被迫向下进入根部。这些植物包括睡莲（莲科植物）、莲（莲属植物）、南部香蒲以及欧洲红木等。这样的压力输送因温度和湿度差异引起，并且植物所产生的压力大小与其根部深度有关。饱和及因此所带来的低氧条件刺激一些植物快速伸长它们的茎，使叶子露出水面。这样的适应性在饱和期很长的湿地植物中是很常见的，如亚马孙洪溢林中的植物。水稻和落羽松就是人们观察到的茎快速拉长的植物。

湿地植物已经形成了行为适应。因为湿地有很长的水文周期，植物常常把种子生产的时间恰巧和水退的时间重合在一起。或者在某些情况下，与涨水的时间相吻合。有些植物让种子漂浮并阻止水涝；其他植物的种子在水下生存很长时间，能在干旱期发芽；还有一些植物能结出在水下发芽的种子，或者依附树木发芽的种子，直到洪水退却之后才落下。在亚马孙流域的瓦尔泽那河，有些树木通过脱落树叶蛰伏度过长长的饱和期。

泥炭藓，藓属，包含150个物种，在泥炭藓中占主要地位。它在适应湿地水饱和条件的过程中不同于其他植物。这种植物使饱和状态变成了它最喜欢的形式；也就是说，它们体内组织中含有大量的水。泥炭藓还有非同寻常的使周围环境酸化的能力，这就使其在大多数植物不能在酸性水中生存的情况下更具竞争优势。泥炭藓所保持的酸度减少了细菌活动，降低了分解速度，而且使泥炭沼泽中泥炭积累增加。

总之，植物的适应性在某一种特定环境（例如，洪水期的长度、水深或者水的化学条件等）下是最优化的。这个事实使人们看到的植被带是沿着海拔、含盐量、水深或者营养水平的渐变而排列起来的。

湿地动物

湿地栖息地种类（根据地形、水文和生态区域进行划分）极多，因此人们不可能把湿地物种表轻易地列出来。洪泛平原或河边湿地与较大水域(它们有时融合在一起）共同拥有许多动物。在亚马孙流域，低水位时鱼类生活在河道或洪泛湖内；高水位即饱和期，它们就分散到洪溢林中。洪泛平原湿地在洪水期被河边鱼类和其他物种利用作为它们的栖息地。洪水脉冲理论强调了这一事实的生态意义（见第二章）。那些地表水与河流湖泊没有联系的湿地缺乏鱼类，却拥有移动的、分布广泛的爬行动物、两栖动物和无脊椎动物（尤其是飞行昆虫的幼虫）。下面介绍挑选出来的常见湿地动物。

无脊椎动物　在湿地中，昆虫很常见，包括许多生活在其他淡水环境中的种类（见第一章）。它们的幼虫在草本沼泽和木本森林沼泽碎屑食物网中是重要的一环，是鱼、两栖动物和鸟的食物。蚊子（双翅目成员）和蜻蜓及豆娘（蜻蜓目）是著名的湿地昆虫。这两类物种已经适应所有湿地环境，并且分布广泛。

脊椎动物　两栖动物也许比其他种类动物都多，其中包括青蛙、蟾蜍、火蜥蜴及蝾螈等。美洲牛蛙的鸣叫在北美湿地的夜空中响起，成为人们熟悉的夜间合唱团中的一员。

在人们的想象中，爬行动物恰好与湿地有联系。尽管很少有爬行动物被迫生活在水中，但是其大部分时间还是在淡水环境中度过。鳄目成员栖息于非洲、美洲、东南亚以及澳大利亚的湿地、湖泊和河流。今天的鳄鱼（鳄鱼、短吻鳄、凯门鳄）与白垩纪时期（大约8400万年前）的祖先相比并没有太大的改变。它们属杂食性动物，有些身躯很大。凯门鳄在潘塔纳尔沼泽上最多，无处不在。短吻鳄科中的短吻鳄出现在美洲的东南部。乌龟和蛇常常在湿地中被发现，尤其是温带和热带地区。

大多数淡水湿地也有鱼类。河边湿地与湖泊、河流共享许多鱼类，而且常常作为鱼苗的养育地。鱼苗长大后才会生活在开阔水域。孤立的湿地，例如草原湿地不会有任何鱼类或者只有引进的鱼种。泥炭湿地，尤其是那些pH值低的泥炭湿地对于鱼类来说极具挑战性。然而，即使这里也有鱼。世界上最小的鱼——鲤科的一员，出现在苏门答腊岛的泥炭湿地。它只有0.31英寸（约7.9毫米）长，并能设法生活在pH值为3的水中。这种水酸性太强，大多数鱼都活不下来，更不要说繁殖了。

湿地是许多鸟的家园，湿地上大量无脊椎动物为鸟类甚至陆生鸟类提供了重要的食物来源。水禽与湿地有很好的关系，鸭子、鸽子和黑鸭都喜欢栖息在湿地。某些鸟是特定湿地的标志。例如，美洲巨鹳代表潘塔纳尔湿地，而美洲红鹳与佛罗里达湿地有关。

湿地从草到昆虫、两栖动物和鸟的丰富食物吸引了许多陆生哺乳动物。大多数哺乳动物常常光顾湿地，但是很少终生居住在此。典型的居住者包括水獭、麝鼠、河狸鼠、河狸、水貂、浣熊、沼泽兔、沼泽米鼠、河马和水牛等。许多湿地哺乳动物是食草和杂食的。某些食肉动物在湿地上和湿地周围过着半水生的生活，包括美洲虎和亚洲鱼猫。

湿地的生态进程

几十年来，人们认为湿地是一个过渡的生态群落，是生态连续进程的一部分，但并不是那个进程的终端（顶端）。沼泽被看作早期进程的进化系列，它始于开阔的水域，不可阻挡地形成森林群落。人们认为，沉积物和有机物的增加最终会填满湿地。许多草本沼泽的植被被看成生态进程连续性的证据。这一描述适合某些草本沼泽地，但其他沼泽地数百年来一直有类似的植被，也就是说，沼泽是进化顶极或亚进化顶极群落。

湿地类型及其生物群落似乎是某一区域一些独特的因素造成的。这些因素包括湿地土壤、水文周期、水源、种子库、可获得的动植物繁殖体、气候和它独特的历史。湿地历史最重要的是其发展过程中被干扰的历史记录，如火灾、洪灾、干旱、飓风、污染、乱砍滥伐、海水倒灌以及农业用地等。植被带似乎与洪水和淹没的程度有关，而与生态连续性没关系。因此，不管是湿地还是高地，没有理由假设森林地带的淡水沼泽将来肯定会发展成森林。确实，一些湿地环境及其植物及微生物之间的相互作用产生了妨碍其他植物生长的条件。例如，当泥炭藓一旦形成，它就会酸化那里的环境，使其成为大多数其他植物不适于栖息的地方。

淡水湿地的类型

潮汐淡水草本沼泽

草本沼泽是由浮出水面的草本植被占主导地位的一类湿地。这些草本植被适应了经常或持续不断地被水淹没的湿地条件。潮汐淡水草本沼泽以受潮汐影响的水文周期为特点。它们在地形中占据了一个很特别的位置，一般都是在水边或河流三角洲地带。这些地方远离海洋，所以它们属于淡水系统，但还受潮汐的影响。它们通常在内陆，远离咸水沼泽，在河口湾的高处/上游。在美国大西洋沿岸，许多沼泽都离城市不远，因为许多城市都建在主要大河的瀑布线之下，即河流从潮汐的变成非潮汐的那个交汇点。在城市，如费城、里士满和华盛顿，人类对这些沼泽的影响长期存在，某些情况下甚至很严重。因为它们一般都是地势平坦，土壤肥沃，因此北美和欧洲的许多潮汐沼泽长久以来已经被排干，变成耕地。

根据盐的浓度，潮汐沼泽可能是咸水沼泽、淡水沼泽或者两者之间的沼泽（见图3.3）。盐浓度是按千分率（ppt）测量，海水浓度为35ppt（根据自然界的变化加2或减2），或者大约3.5%。现在测量盐浓度的单位是实际应用的单位（PSU），根据这个标准，海水的浓度为35（不标明单位），淡水的盐度少于0.5。高于0.5，但少于5的水被认为是少盐，5~18是中盐，18~30是多盐的，超过30是盐生的。

不同盐浓度分布带沿着河口地区季节性地向上游或下游变化或每一年都不一样。在干旱的年份，当河水水位低时，更多的咸水就会向上游流动；而雨水多的年份或湿季，淡水就向下游流动。如果盐浓度太高，许多专性淡水沼泽植物就会死亡，会被更多耐盐的物种代替。如果盐浓度太低，耐盐物种就会被专性淡水物种淘汰。在咸水和淡水潮汐沼泽之间的植物种类几乎没有重叠部分。图表3.3标明的是一个典型河流的盐浓度带，沿着它可以发现咸水和淡水潮汐沼泽。

构成潮汐沼泽的植物群落在盐浓度分布带改变期间有可能向更耐盐的物种转变或向不耐盐的物种转变。随着气候变化的加剧，不管是观察到的还是预料到的，海平面上升都会提高河口的盐浓度，这无疑会使一

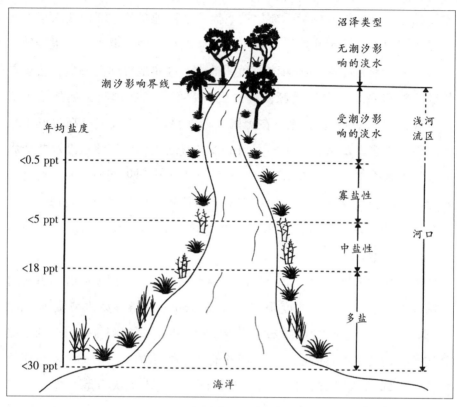

图3.3　随着盐浓度下降而呈现的淡水潮沼的位置　（杰夫·迪克逊提供）

些淡水潮汐沼泽变成咸水群落。

　　淡水潮汐湿地主要有三个特征：（1）潮汐活动来源；（2）平缓的地势或者非常低的坡度；（3）一直有足够的淡水排除盐水。在中高纬度之间的所有大洲的海洋沿岸都可能发现潮汐淡水沼泽。热带很少出现，因为在那里潮汐湿地系统可能会变成森林。在美国，它们出现在大西洋沿岸（40.5万英亩或约16.4万公顷）和海湾沿岸（94.6万英亩或约38.3万公顷），绝大多数散布在路易斯安那州。潮汐淡水沼泽的水动力是很清晰的。水从与潮汐有关的表面水体流入或流出这些湿地。每一个潮汐淡水沼泽都有一个河流网通过沼泽（水上升或退去）来分配水源。水流入或流出沼泽以及水平面的相应上升或下降都受潮汐控制。由于月亮和太阳引力而形成的有规律的潮汐通常每天出现两次。也就是说，每隔24小时48分钟就有两次高潮和低潮（这个时间是由环绕地球的月球轨道和地球自转决定的）。潮汐的幅度（水上升多高）取决于一些因素，包括太阳和月亮的位置以及海岸的地势和高度。振幅常常因入海口河中道的漏斗形而上升。当潮水向上游移动时，狭窄河面的收缩使河流水位大幅上升。潮汐湿地可能会经历剧烈的水位上升或下降。

　　另外一种潮汐——风暴潮，不仅是海岸内河和河口中出现的现象，也是湖泊所拥有的景象。当强大稳定的大风作用于一个水体时，大风推动大量的水拍打河岸，或者远离河岸，这时风暴潮就形成了。风暴潮不像月亮潮汐那样有规律，它涨落的开始时间、持续时间和幅度通常不可预知。

　　当潮水上涨时，水淹没了越来越多的湿地。低地即低平沼泽比高地沼泽被淹没的时间更长且水更深。高地沼泽处于上坡地带。这两种沼泽地的主要植被不同，但是正如自然界中的情况一样，与其说它们之间有明显的界线，不如说它们之间是逐渐地过渡。植被带并不像盐水沼泽那样显著。但是，一般来说植物种类更多。

　　在北美淡水潮沼中，低平沼泽以低矮的、宽叶常青植物为特点。其产量低，但是根和茎的植物总量比例很高。相反，高地沼泽由常青草、莎草和类似的高大植物占统治地位。其产量高，种类更多。

　　新泽西州一些小河流入特拉华河口。对其沿岸淡水潮沼的研究表明，低平沼泽的主要植物是睡莲、多年生植物和美洲茯苓，有时点缀些野生稻米。低平沼泽只在低潮时暴露出来。高地沼泽植物主要有菖蒲、戟叶、凤仙花，还有相对清白的野生稻米、香蒲和其他的草类植物。中沼泽地带与其他两类沼泽不同，因为它拥有荨麻和潮沼不凋花。在这个研究过程中，科学家们注意到二十多年来低平沼泽大幅度增加，而其他两类却在减少。这也许是因为海平面上升的缘故。

另外一个非常不同的淡水潮沼是以漂浮的草甸植被为特点的。我们可以在美国南部墨西哥湾北岸发现这样的草本沼泽。漂浮的草甸沼泽在世界上并不多见，其中包括亚马孙河流域的瓦尔泽雅洪泛平原以及支流(见第二章)，但它们大多数不是潮汐造成的。在路易斯安那州的密西西比河三角洲，漂浮沼泽主要由少女藤占主导地位。它常常与香蒲和巨大芦苇联系在一起。这种沼泽类似于厚厚的漂浮的毯子，上面有各种植物，主要包括植物中的葡萄藤和蕨类植物。这个"毯子"随潮汐涨落。

海湾沿岸地形活跃。随着密西西比河流域带来的泥沙的沉积，新三角洲在此形成。在这些新三角洲上，淡水潮沼也会出现，较高的地方植物主要有柳树，较低的地方有莎草、慈姑、香蒲和其他一年生或多年生植物。淡水潮沼上的动物群落相对种类较少，除了昆虫之外，只有无脊椎动物了。而盐水潮沼的动物种类主要有海洋和河口生物，如蚌、螃蟹、虾等。食物网主要以碎屑为基础，还有线虫和大型无脊椎动物。例如，昆虫幼虫、淡水蜗牛、寡毛纲虫、淡水虾和两栖动物等。这些生物在处理碎屑中起着重要作用，并且使它的食物能量为较高营养层所接受。

淡水潮沼和附近的盐水潮沼相比，爬行动物、两栖动物、鸟类和带毛的哺乳动物种类较多。在北欧的斯凯尔特河河口，淡水潮沼的软体动物种类也比盐水潮沼多。北美淡水潮沼中发现的爬行动物包括啮龟、有毒的水蛇和美洲短吻鳄。哺乳动物包括沼泽米鼠、弗吉尼亚负鼠、沼泽兔、水貂、麝鼠、水獭和浣熊等。海狸鼠(看起来像一只大麝鼠)是南美土著，但已经被引进到北美和欧洲。它对当地的湿地植物群落造成相当大的伤害。与盐水沼泽相反，淡水沼泽并没有限制脊椎动物的进入。

鱼群主要来自这个地区的淡水鱼种。溯河鱼类和海洋河口鱼种利用潮沼做产卵和养育鱼苗的地方。北美的淡水潮沼中有五种鱼，例如鲤属鱼和刺臀，河口鱼种，河口海洋鱼种，为产卵顺流而下的鱼种(例如美洲鳗鱼）以及溯河产卵的鱼种和半溯河产卵的鱼类。在后几种鱼中有溯河产卵的白色西鲱、蓝背鲱鱼和白鲈鱼。

世界上几乎所有的海滨地区都有淡水潮沼。然而，相对来说人们对它的研究较少。在历史上，它们常常被改造成农业用地，并且受到人类活动及海平面上升的威胁。

非潮汐淡水草本沼泽

在地球上几乎每一个地理环境中都有非潮汐淡水沼泽。世界上一些最重要的湿地或者绝大部分湿地都是淡水沼泽或者至少包含相当大比例的沼泽：例如，埃弗格莱兹大沼泽地、北美大草原洼地、南美的潘塔纳尔以及尼罗河上游的漂浮植物堆等。

这种沼泽种类繁多，大约占世界湿地面积的20%。它们包括草地、湿草原、大草原洼地；春季洼地以及干盐湖。草本淡水沼泽的主要植物是草、莎草和其他草本植物（非木本），还有生态上有共性的植物。

非潮汐淡水沼泽的类型和起源　淡水沼泽地形位置的不同也反映了它的起源的不一样。所有构成湿地的条件就是有能够储存水的浅洼地，储水时间长到可以使水生植被发芽生长。这样的洼地起源有很多种说法。

在冰河时期受冰川作用的地区，极厚的大冰块的移动导致地表高低不平，有些就像洗衣板一样的形状。这种地形的特点是冰丘和冰碛，它们是冰川移动所带来的岩石和砾石构成的；壶穴很小又很浅；以及无数冰碛中的洼地。人们可以在美国到加拿大的大部分地区以及俄罗斯大草原发现这样的冰川作用下的地形。随着时间的流逝，一些洼地逐渐变成沼泽而不是湖泊，或者它们会成为季节性湖泊，当水退去之后，又变成沼泽。

淡水沼泽也会在山谷中形成。某些情况下，谷湖多年来一直有来自上坡地带和分解的水生植被的腐殖物。在这样的系列事件中，沼泽可能被当作过渡带，但时间也许是数千年。随着沼泽被水充满，相对于水平面的地表上升，它最终可能会变成湿草地。

沼泽也可能在干旱地区形成。例如，美国西部的大盆地就是这样。山上的溪流流入干旱的盆地，形成湖泊湿地系统。它们在冰雪融化的季节是湖泊，在其他月份就是沼泽。有些湿地在干季完全变干。另外，非洲的乍得湖（通常被描述为大片湿地而不是湖泊）在湿与干之间的转变是没有规律的，而且转变的时间根据气候变化在数十年到几个世纪之间不等。

在世界上干旱贫瘠地区之外的永久、稳定的湖泊流域，在湖泊边缘发现淡水沼泽并不罕见。有时，沼泽与三角洲有联系。在支流进入湖泊的地方，沉积物下沉形成三角洲。在其他情况下，沉积物沿着湖岸移动形成堰洲海滩，即把浅水区域和湖的主体分隔开的隆起的沙丘。例如，与加拿大马尼托巴湖毗邻的三角洲沼泽就是这样产生的。这个三角洲沼泽接近5.4万英亩（约2.2万公顷），是北美最大淡水沼泽之一。它既浅，营养又丰富，供养着大量的浮游植物和水生植物，例如，茴香眼子菜、西洋蓍草、金鱼藻等。在较浅水域或开阔水域的边缘，占主要地位的浮游植被包括灯芯草、香蒲和巨型芦苇。湿草原、莎草和沙洲柳聚集在地势较高的地方，并且通常只有在春季被淹没。

三角洲沼泽季节性地被鱼类利用，并且是非常合适的产卵栖息地。冬季因为结冰，所以它不适合鱼类生活。但是夏季很多种鱼栖息于此，包括黑头呆鱼、五脊刺鱼、九脊刺鱼、黄鲈鱼、尾斑发光鱼、白亚口鱼、鲤鱼、黑棕大头鱼以及细镖鲈等。就像许多大草原湿地一样，三角洲沼泽对各种鸟（主要是迁徙鸣鸟和水鸟）来说是很重要的季节性栖息地。春秋季这里大约有80种鸣鸟，有很多的京燕、鸣鸟（尤其是黄鸣鸟、黄腰柳莺以及美洲红星鸟）、燕子和水鹟。然而，三角沙洲大概因其大量的水禽而闻名。重要的种类包括加拿大鸽子、桂皮短颈鸭、美洲赤颈鸭、帆布潜鸭、小潜鸭、翅膀鸭、白帽鹊鸭、绿头鸭、琵嘴鸭、白颊鸭、木鸭、环嘴鸭、蓝翅鸭以及美洲黑鸦等等。

淡水沼泽也可以与河流系统联系起来。当河流流经宽阔、平坦的洪泛平原时，就可能形成淡水湿地和其他湿地类型。有些世界上最大的、最著名的湿地就是这种类型：如非洲的乍得湿地、伊拉克的底格里斯河和幼发拉底河湿地、南美潘纳塔尔湿地以及佛罗里达州的大沼泽地。

河道蜿蜒的地方就是牛轭湖形成的地方。这样的洪泛湖每一次洪水泛滥时都会收到大量的沉积物和养分。随着时间的推移，沉积物和有机碎屑的不断注入，洪泛湖就变得越来越浅，成为沼泽。

生物群本身在沼泽的形成过程中起着重要作用（其他类型沼泽也同样）。根据结构和生物数量，不管是河边沼泽还是潮沼湿地，植物都可以增加有机土壤，封住泄漏的盆地，减缓水流速度，并且缓冲风浪所带来的毁灭性的能量。弗吉尼亚木兰也是湿地的主要创造者。它们的储水能力极大地改变了水域的水文状况，提高了地下水的补给，降低了水的流失。

不受潮汐影响的淡水沼泽特征　　淡水沼泽位于矿物质土层之上（见前文），地表常常覆盖一层腐殖质。腐蚀速率相对很高，生态系统巨大的繁殖力为生物腐蚀提供了足够的生物数量。土质的酸碱度趋于中性。土质营养含量高于泥炭沼泽，但总体低于受潮汐影响的淡水沼泽。降雨量越大，土质营养含量越低。不受潮汐影响的淡水沼泽的具体特征（见表3.3）。

木本森林沼泽

当提及"湿地"一词时，很多人会想到木本森林沼泽，而且因为木本森林沼泽，人们对湿地普遍有负面的印象，比如阴暗、潮湿，到处都是邪恶、令人生厌的动物，以及各种危险（如流沙、蛇、虫子）。虽然

表 3.3　淡水沼泽种类及其特征

淡水沼泽种类	主要植被	典型土质特征	典型土壤积水期	典型养分状态	地貌特征	动物群	其他
春天的池塘	草本或木本	矿物质	季节性(春季), 淹没期短	多样化	面积小, 水域独立, 尤其地势下降地; 尤其在地中海式气候地区	没有鱼类; 大量昆虫、幼虫和甲壳类; 两栖类动物和部分鸟类的重要栖息地	一些地区可能是盐湖; 一些地区已大面积消失; 很少被当地保护
湿地草原	草本(草和莎草), 湿地和丘陵混合植物, 植物种类多样化	矿物质	季节性, 淹没期短	富有养分	草原:西伯利亚泛有树林大草原, 南美大草原; 有时在泛温平原, 有高山峡谷	鸟类重要栖息地, 尤其是候鸟	被人类过度使用; 近期, 在欧洲, 排水和清除当地植被
草原壶穴	草本, 通常草、莎草和泥滩一年生植物循环周期生长	矿物质; 水硫物	水域季节性扩大或缩小, 干湿季节循环; 水文常与地下水相连; 每 15~20 年一个	富有养分	由美国大平原到加拿大的冰川地, 貌的洼地形成	没有鱼类, 除非引入鱼的水域; 大量无脊椎动物; 水鸟、涉水和岸鸟的重要栖息地	周期淹没, 开放水域, 逐渐干涸, 接下来, 一些草原壶穴在干季被取代; 一些壶穴变成湖, 由于农业开发, 面积和数量大量减少
干盐湖	草本, 同湿地草原	矿物质	季节性, 水域独立, 正常年间, 干湿季节多季循环	由于邻近地区的耕作, 富有养分	美国中部大平原以南	大量无脊椎动物; 水鸟、涉水鸟和岸鸟的重要栖息地	受到来自农业杀虫剂和化肥污染及放牧的威胁

沼泽确实如人们普遍认为的那样（气候温暖时，有虫子、蛇出没，一些沼泽很阴暗、潮湿），但对那些肯花时间到沼泽地探险的人们来说，沼泽会呈现给他们一番奇妙的美景。

木本森林沼泽一个显著的特征是大面积生长着木本植物。木本森林沼泽形成于多种环境中，其共同之处在于：矿物质土质和周期性被洪水淹没（如同所有的湿地）。洪水或深或浅，可能无规律和不可预测，也可能有规律（随季节变化，或受潮汐影响）。土质可能富有养分，也可能缺乏养分。一些森林湿地几乎从未被洪水淹没，土壤水分却接近饱和。一种主要类型的沼泽——红树属植物沼泽，是与咸水环境相关的。

木本森林沼泽的种类　木本森林沼泽，如同所有湿地，可以按不同方式分类：可按生态区域和主要植被划分，也可按地貌以及地理特征划分。每一片沼泽受上述因素及历史和人为因素影响，都会有其独有的特征。按主要植被分类，是常用的分类方法（见表3.4）。

世界各地沿河两岸和冲积地带（河谷、冲积平原、河口三角洲以及由河流淤积物——沙土、淤泥和砾石形成的其他地貌）均分布着沼泽。这些沼泽的环境条件和植被分布各不相同。在低纬度地带，河流淤泥沉积，河流蜿蜒流淌，形成了特有的地貌和土质。当上升的水位溢出河道，流到冲积平原的时候，形成了大堤——相对于冲积平原的线状高地。河水流入冲积平原后，水流不再湍急，导致淤泥沉积。大堤往往为那些不同于比邻冲积平原的森林物种提供了保障。

位于大堤内的洼地，洪水会停留很长时间。树种以耐水性、厌氧性为主。河流不再流经的河道形成了池塘和U字形湖泊，大面积区域会被浅水淹没，以前河岸大堤会形成低矮的土丘，上面分布着不同的植物。低洼地沼泽森林覆盖面积相当大，如密西西比河下游的冲积平原森林——2200万英亩（约890万公顷）或大约3.4万平方英里（约9万平方千米）。主要树种是由海拔高度决定的，而海拔高度决定土壤积水期。

表 3.4 木本森林沼泽种类及其特征

木本森林沼泽种类	主要植被	典型土质特征	典型土壤积水期	典型养分状态	地貌特征	动物群
柏树沼泽	落羽松或池柏与蓝果树和黑橡胶树共同生长	矿物质	形形色色，一般终年淹没（深水沼泽）	富有养分	美国东部，南和西沿海平原，密西西比河下游冲积平原，河边或湖滨，柏树平原	各种无脊椎动物、爬行动物、两栖动物、鸟类和哺乳动物、鱼类
雪松沼泽	雪松，有时有红枫树和其他树种;与泥炭藓共同生长	矿物质到有机质，酸性土壤	季节性淹没	缺乏养分	北美大西洋沿岸一直到南部佛罗里达州，现以前分布广泛，在是孤立的小块地	北方驼鹿，各种椎动物、鸟类、爬行动物、两栖动物和哺乳动物
红枫树沼泽	红枫树与其他硬木树种混杂	矿物质	季节性淹没	可变化的	地表洼地，低处有小溪和湖泊，地下水洼地	各种无脊椎动物、爬行动物、两栖动物、鸟类和哺乳动物
灌木沼泽	高不超过20英尺（约6米）木本植被；主要植被为落叶或机常青，阔叶或针叶林	矿物质、沙土，有时有完全分解的有机质土层	长期，有小的波纹	缺乏养分，导致植物矮小	分布广泛，地表洼地	随地域环境，主要植被不同而不同

以北美东南沿岸为例，土壤积水期长的深水沼泽，主要树种为柏树（落羽松和柏），因而被称为柏树沼泽。柏树常与蓝果树和黑橡胶树共同生长。土壤积水期较短、海拔较高、丘陵较多的沼泽，主要树种为白雪松和红枫树。

非洲次撒哈拉沿刚果河流域的沼泽森林，主要生长着姆岷加木、克腊托姆和一些没有统一名称的树种。其中一种是刚果盆架木，是一种长着板状根的树木。一些长期被洪水淹没的地域，生长着大片的酒椰。

由于河边沼泽周期性遭受洪水淹没，土质养分含量不少于只有雨水流入的沼泽。然而土质的养分状况大不相同。例如，依加坡森林，生长在亚马孙盆地的里奥内格罗和申谷河的养分贫乏的沙土地区，其树种和生物数量比亚马孙支流的养分丰富的安第斯瓦尔泽亚森林相对要少。但这些是例外，河边沼泽总体来说是肥沃的，生物数量维持在高水平。

河边森林湿地的动物种类繁多，与高水平的生物数量一致。深水沼泽中生长着鱼类，还有爬行动物和两栖动物、鸟类及哺乳动物。在洪水周期性淹没期间，河里的鱼类也到沼泽中觅食和繁殖，如FPC所示（见第二章）。鱼类会在较短的土壤积水期随着洪水的退去或池塘的萎缩而离开冲积平原和河口三角洲，如阿根廷的淡水沼泽和亚马孙的冲积平原。

人工修渠和控制水流量，很大程度上影响了河边沼泽和低地森林。人工修渠阻断了冲积平原与河流之间的通路，结果不再有淤积物堆积；堤坝可以防止洪水灾害，但也阻止了洪水对冲积平原的周期性淹没，因而改变了冲积平原森林的生态关系。

河边沼泽和低地森林遭到了破坏性的砍伐，许多地域的栖息地被蚕食掉。缅甸的伊洛瓦底江三角洲的低地森林，就是一个典型的例子。沉积物污染、资源开发以及农业用地拓展，导致了野生生物数量和物种的锐减。几乎所有大型哺乳动物，包括亚洲象、虎、豹已经从生态系统中灭绝了。鸟类和爬行动物的数量也在急剧减少。这一地区野生动物的未来是暗淡的。

泥炭地

泥炭被定义为湿地，是因为有机物的堆积速度大于分解和矿物化的速度，泥炭的堆积至少达到1英尺（约0.3米）。泥炭是部分分解的植物残留物，当中许多植物的茎和叶仍然可以辨认出来。泥炭地面积超过10亿英亩（约4亿公顷）或占世界土地面积的3％。泥炭地在欧洲很常见，被称为泥潭，占世界湿地的二分之一。在北半球的高纬度地区，它们蔓延几百平方英里甚至几千平方英里。在大片热带泥炭森林中，堆积的有机物为木头。北部的泥炭地有两种类型：泥炭沼泽和低地沼泽。

泥炭沼泽有着松软海绵状的土质，主要植物有泥炭藓、杜鹃科灌木植物和针叶树，常常生长在沼泽边缘地带。这些植物形成了浓密的浮排，可以漂浮在泥炭层上方。生长着浮排的泥炭沼泽和低地沼泽有时被称为浮动的泥炭沼泽。因为每年增加的量大于分解的量，泥炭在生长着的植物层下方堆积。分解是缓慢的，主要是因为酸性、厌氧性的环境，还有死泥炭藓不易分解。这些条件不仅适合泥炭藓的生长，而且在一定程度上是由泥炭藓创造的。泥炭藓被称为生态环境工程师，因为它改变了自身的环境。泥炭藓一旦进入湿地，扎下根，就会保持水分，改变水的化学性，使水呈酸性，去除水中的养分。另一方面，在欧洲，人们发现苏格兰松在以生长泥炭藓为主的湿地发芽后，会改变泥炭沼泽的环境。这在某种程度上对泥炭藓是致命的，对苏格兰松的成长却是有益的。

泥炭沼泽（"真正的"泥炭沼泽或雨养泥炭沼泽）的水，几乎全部来自降雨，因此生长于此的动植物是缺乏养分和矿物质的。由于缺乏养分，发生了一系列有趣的适应性变化，最为有名的是植物的食肉性变化。像猪笼草、茅膏菜、捕蝇草等所有泥炭沼泽植物，都捕捉和蚕食昆虫，以补充它们所吸收到的微小的基本养分。

　　低地沼泽在某些方面介于木本森林沼泽和泥炭沼泽之间。像泥炭沼泽，它们是由泥炭形成的，所以土质是有机土质，而非矿物质土质。不像雨养泥炭沼泽，它们的水系是开放的，既收纳地表水，也收纳地下水。由于水源和流经的水与泥炭沼泽的不同，与泥炭沼泽相比，低地沼泽有更多的养分和矿物质。低地沼泽的酸性弱于泥炭沼泽，有时甚至呈弱碱性。流经的水防止或减少了植物副产品的增加，防止或降低了造成雨养泥炭沼泽酸性环境的分解作用。低地沼泽比泥炭沼泽有更多的动植物物种，部分原因是低地沼泽几乎不生长泥炭藓。低地沼泽的主要植物是莎草，如香蒲和草。

　　低地沼泽常常在地表形成一些洼地，收纳分水岭以内的地表水和地下水。但是经历了几百年后，泥潭的堆积使得低地沼泽的高度上升，低地沼泽无法再收纳地表和地下水，这样低地沼泽就变成了泥炭沼泽。一些雨养泥炭沼泽就是这样形成的，以这种方式形成的泥炭沼泽被称为雨养泥炭沼泽，有时或被称为凸起的泥炭沼泽。延伸到原来洼地之外的泥炭沼泽，尤其是延伸到以前干燥地带的泥炭沼泽，是泥炭形成的过程。毡状酸沼（见下文）来源于泥炭形成过程。

　　形成泥炭沼泽（以及低地沼泽，取决于水源）的另一种方式是湖泊的变迁。泥炭藓浮排，或生长着莎草和泥炭藓的低地沼泽，逐渐从湖边向湖中心蔓延。最终，在浮排下方堆积起泥炭和沉积物，浮排一直生长到覆盖了全部水域。这一过程被称为陆地化。

　　低地沼泽形成于地表洼地，一直低于周围地势，所以如果没有地表水，它们可以收纳地下水。这些低地沼泽有时被称为地成沼泽，在冰蚀地貌中很常见，这种地貌的地表有大量的洼地。其中一种泥炭沼泽被称为地毯式泥炭沼泽。这是一种真正意义上的喜雨沼泽，覆盖着相对平整的地带，像一张毯子。形成地毯式泥炭沼泽的条件是充沛的降雨量和凉爽的气候。

泥炭沼泽和低地沼泽（在部分地区也称为池塘边泥炭沼泽）在地表水域——湖泊和低坡度河流的边缘形成。由地表水流入（或地下水上升）造成的泥炭沼泽和低地沼泽，是在坡地中的洼地形成的，那里地下水会慢慢流出或渗出。

据估计，热带泥炭地在全球覆盖面积达7200万英亩（约2900万公顷）。大部分位于印尼马来生物地理区域内（南亚、东南亚的印度尼西亚和马来西亚），这些地区，在红树属森林内部形成了泥炭沼泽森林。主要植被是热带混合树种，包括棱柱木、绒根树和油楠。泥炭主要由部分分解的树根、树干和树枝组成。动物的种类繁多，许多临近的热带雨林中的动物，也在泥炭沼泽森林中出没，有短尾猿、猴子、长臂猿和猩猩，此外还有大量的热带鸟类、蝙蝠和昆虫。印尼马来泥炭沼泽森林，面临着砍伐和变成农田的巨大威胁。给沼泽地排水，导致了近期灾难性泥炭地火灾，向大气中排放了大量的二氧化碳。

典型湿地

本部分描述了四大湿地生物群落：两个位于中纬度地区，一个位于低纬度地区，一个位于高纬度地区。

中纬度湿地：北美大平原的壶穴草原和干盐湖

壶穴草原　壶穴草原既有湿地草原，也有永久的沼泽。尽管类似的湿地出现在其他冰川草原地区（例如，欧亚大陆），但是草原壶穴仅限于北美壶穴草原地区。这一约30万平方英里（约80万平方千米）的地域，包括美国的南、北达科他州和明尼苏达州的部分地区，以及加拿大的马尼托巴、萨斯喀彻温和阿尔伯达各省（见图3.4）。草原壶穴是因更新世冰川在地面上前后移动而形成的。壶穴草原的气候是大陆性气候，

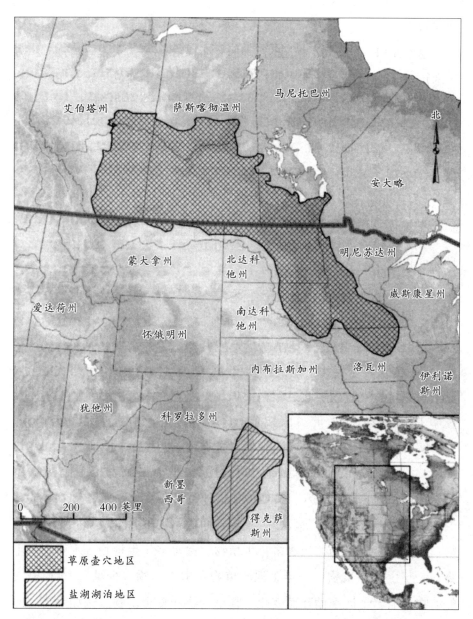

图 3.4　美国北部草原壶穴和盐湖湖泊　（伯纳德·库恩尼克提供）

夏季炎热，冬季干冷。年降雨量不定，但总体属半干旱地区。虽然壶穴
湿地大多为淡水体系，但由于这一干旱地区蒸发量大，一些水域含盐量

相对较高。

这些面积小，又互不相连的湿地原有面积约3万平方英里（约7.8万平方千米），但自从欧洲人定居大平原以来，已有一多半变成了农业用地。在美国，仍有310万个壶穴湿地，在加拿大壶穴草原地区，据估计有400万到1000万个壶穴。四分之三的壶穴面积小于1英亩（约0.4公顷）。总体来说，壶穴面积从不到一英亩到几平方英里不等。壶穴一般来说不深，呈碟状。壶穴是通过蒸发失去水分的。只有在雨水极多的湿季，水才会溢出"碟子"的边缘。

草原壶穴土壤积水期是随着季节和更长时间(5~10年）的干湿季循环而变化的。干季和湿季对防止壶穴湿地变为池塘和失去湿地特征都是必要的。每年降雨量的显著不同，导致壶穴面积和壶穴湿地数量的变化。

干湿季的循环造成草原壶穴湿地特征发生周期性的变化。较深的壶穴，在周期的干旱年间，干涸沼泽（没有固定水）会形成。随着降雨量的不断增加，湿地植物得以繁茂生长。干旱过后，水生和半水生植物可以重新生长，因为种子在沉积物中仍可以成活。在湿季的年份，随着水位的上升，壶穴中心的水位过深，植物无法生长，中间开始出现地表水。随着水位的进一步上升，地表水会保持优势，植物只能生长在水边地带。湿季接近尾声时，地表水占优势，大部分植物消失了。在水深不足以妨碍植物生长的壶穴，湿地的植物种类有所变化。

干湿季循环的不同阶段，生长着不同的植物群：湿地草原多年生植物、莎草多年生植物、浅水多年生植物、深水多年生植物、水面下水生物、一年生漂浮植物、一年生泥滩植物和木本植物（少见）。草原壶穴的动物也随着干湿季循环而变化。食草动物和食虫动物（例如水鸟）的数量随着有水壶穴的数量的变化而变化，而以食草动物和食虫动物为食的动物（例如狐狼、郊狼）的数量也会剧增或骤降。

植物带在水上或水下分布，在干湿季循环的任何阶段都很明显。植物带，指的是其发芽和成活对水分饱和度及土质化学成分有同样需求的植物所建立起来的特殊联系。较大的壶穴比较小的壶穴有更多的植物带。一年中被水淹没时间较长的植物带，植物更高大，但种类较少。淹没时间短的高地，其典型植物有秋麒麟草属植物、肯塔基莓系属的牧草（引进的）、巨型莎草和雀麦草。在约10英寸（约0.25米）低矮高地上，生长着牧草和刺苞菊。在高度约2～2.5英尺（约0.6～0.8米）的低矮高地上，生长着莎草，但不生长秋麒麟草和巨型莎草。再往低处，到淹没期更长的植物带，除了莎草外，还生长着麦田莎草、水泡莎草、蓼科杂草、三棱和香蒲。

草原壶穴的含盐度从淡水到含盐度高不等。东蒙大拿含盐量不高的壶穴，主要植物为硬根芦苇。碱性芦苇是含盐量较高湿地的主要植物。但当含盐量达到一定程度时，植物很少生长，壶穴变成了泥滩，零星生长着藜科灌木和滨藜。

由植物产生的生物群（而且产量很高）没有被直接消耗掉，而是死亡后经食腐一族（主要是无脊椎动物）的加工，变成了食物能源。然而最近研究表明，无脊椎动物的生存主要依赖于食用藻类和腐蚀的大型植物。无脊椎动物的数量维系着较大型的食肉性无脊椎动物、两栖类动物和鸟类的数量。

因为鸟类，人们了解了草原壶穴，而且为了鸟类，人们把草原壶穴变成了自然保护区。春天，数百万的鸟类、水禽和滨鸟来到这里繁殖，整个生长期都会逗留在此处。大约有半数的鸭子，包括最常见的狩猎品种，均来自壶穴草原地区。雀形目鸟（栖息鸟）、鹰、秃鹰、猎鹰以及其他与水无直接关联的鸟，也到草原壶穴筑巢和寻求庇护。

随着草原壶穴从干季沼泽到地表水充足再到干季沼泽的循环，不同的栖息条件会吸引不同的鸟类。大量在地面筑巢的鸟类，吸引了许多食肉动物，包括狐狸、水貂、浣熊、臭鼬、鼬鼠和獾。壶穴也是一些爬虫动物和两栖动物的家园。但是壶穴之间互不相连，而且会定期干涸，因而不适合鱼类生存。为了钓鱼娱乐，大头鲤科小鱼被人们投放到一些壶穴当中。

干盐湖 干盐湖表面类似草原壶穴，但有几点不同。首先，它们位于不同的地带（见图3.4）。尽管世界上的一些地区发现了干盐湖，但到目前为止，干盐湖最集中的地区在美国的高地平原，至少包括俄克拉荷马州狭长地带、得克萨斯州狭长地带、堪萨斯州西南角和新墨西哥州的东部边缘。这里有2.5万~3万个干盐湖，大部分在得克萨斯州。然而，最近利用卫星成像技术和土质数据分析得出结论，以前没有把堪萨斯州西部大片地区和内布拉斯加州西部地区当作干盐湖。如果将这些地区包括在内，那么干盐湖将会超过6万个。干盐湖有别于沙漠盆地，沙漠盆地是内流湖的残流部分。尽管沙漠盆地在湿季可能有浅水湖，但大多数时间，它们是干涸的盐床。

干盐湖与草原壶穴的另一个区别在于它们形成的过程不同。据认为，在高地草原，当小洼地开始收纳积水时，有机物分解产生的酸性条件会溶解底层的碳酸物——生硝。通过向下过滤成为地下水而失去这种物质，会导致地表下沉面积扩大，结果会形成形状像盘子的平底洼地。除边缘外，水的深度是一样的，很少超过3.3英尺（约1米）。

干盐湖在各自的水域内吸纳降雨。大平原干盐湖的年降雨量平均为13~18英寸（约330~457毫米），但是实际降雨量常常不是平均降雨量，有时高，有时低。降雨常常在晚春或早秋。

每一个干盐湖都像一个收集水的盆，收集着流走的地表水和水域内的降雨，而不是地下水，使它们成为地下水的补充地，因此，并非所有水分的丧失都是由蒸发造成的。水域内面积不大，平均137英亩（约55.5公顷），因而干盐湖本身也不大，平均湖底面积为15.5英亩（约6.3公顷）。尽管对干盐湖水文地理的研究不多，但有限的数据表明，大多数干盐湖每两年至少被水淹没一次。洪水泛滥时，是干盐湖在植物成长的季节，至少有两个星期的蓄水期。池塘可持续1～32周，当然在特别的雨季才能达到32周。

　　如同草原壶穴一样，干盐湖有其动植物的生物地理分布。因为降雨量不同，还因为干涸年间的耕作，即使在同一片沙漠盆地，植被每年都会发生巨大的变化。土壤积水期短时，干盐湖的植物类似附近高地的植物，包括多年生的西部芽草、水牛草和豆科灌木。

　　土壤积水期长时，干盐湖的植被为更典型的湿地植被，最常见的是湿地草地，主要有稗、加州刺苞菊，还有宽叶植物，主要为各种荨麻。

　　干盐湖维持着各种动物的生命，尤其是干旱的南部和中部大平原地区是动物重要的栖息地。如南部大平原的干盐湖为20多种约200万只水鸟提供了过冬的栖息地。湖区大量的大型无脊椎动物，尤其是昆虫，使其成为几百万只候鸟春秋季迁徙的重要休养和补充食物的地方。干盐湖被洪水淹没初期，会有大量的甲壳类生物，如种虾和仙女虾；之后，由于昆虫幼虫的数量不断增多，虾的数量减少。总之，无脊椎动物的数量是动态的，在这些短暂的水域中，受着水文地理短暂变化的影响。

　　一项研究发现，有30种岸鸟利用这些湖水。在春天迁移过程中，数量最多的是美洲反嘴鹬、长嘴半蹼鹬和矶鹬。在秋天迁移过程中，数量最多的是美洲反嘴鹬、长嘴半蹼鹬、麻鹬、矶鹬和黄足鹬。麻鹬和珩科鸟在此地区筑巢。

　　大平原上的干盐湖为这个区域内需要湿地的动物提供了唯一的栖息地。两栖动物需要干盐湖，如果没有干盐湖，两栖动物就不可能在这一地区生存了。

低纬度湿地：潘纳塔尔沼泽区

新热带区的生物地理领域（南美洲和中美洲）包含一些大的、极壮观的湿地系统，其中一些主要是森林。也有许多湿地草原和相关联的淡水沼泽，一些面积很大，动植物物种繁多。其中有哥伦比亚和委内瑞拉南美热带无树草原，玻利维亚的莫克索斯平原、巴拉那河流域的热带（或亚热带）稀树大草原和潘纳塔尔沼泽。

新热带区最大的湿地系统（也是受人类活动影响最少的地区）是潘纳塔尔沼泽。这里有各种动植物，各种栖息地，而且不断变化。和许多大型湿地系统一样，淡水沼泽很难分类，一部分原因是它包含多样化的环境，另一部分原因是仅就其面积就可自成一类。设想一片5.4万平方英里(约14万平方千米）的湿地。这是保守估计的面积，一些研究者认为面积可达8.1万平方英里（约21万平方千米）。潘纳塔尔沼泽是在巴拉圭河–巴拉那河的一大支流的流域内（见图3.5）。巴拉圭河–巴拉那河流域毗邻亚马孙河流域，河水流向大河流域的南部，由阿根廷的布宜诺斯艾利斯流入大西洋。约80%的潘纳塔尔沼泽处在巴西德苏尔州的北马托格罗索和南马托格罗索。五分之一的潘纳塔尔沼泽位于玻利维亚和巴拉圭，即巴拉圭河的西侧。

潘纳塔尔沼泽周围被高地所环绕，有玻利维亚和巴拉圭的南美洲亚热带地区和巴西高原。潘纳塔尔沼泽地势低（海拔250~660英尺，或约76~200米）而平整，像一个巨大的平底碗。巴拉圭河流域历史久远（6500万年），支流的沉积物，尤其是塔夸里河的沉积物，经过几千年，堆积到扇形的冲积平原上。在过去的冰川期，巴拉圭河流域曾经形成过盐水湖。

气候和水文地理 降雨有着强烈的季节性。雨季，雨水倾入到潘纳塔尔沼泽，同时周边高地的雨水也汇流于此。每年平均降雨量并不多，约32~48英寸（约81~122厘米），但集中在10月到第二年3月的雨季。在潘纳塔尔沼泽北部和东北部的高地，年均降雨接近48英寸（约120厘米），而且更加集中。受多年干湿季影响，气候变化很大。史前期，潘

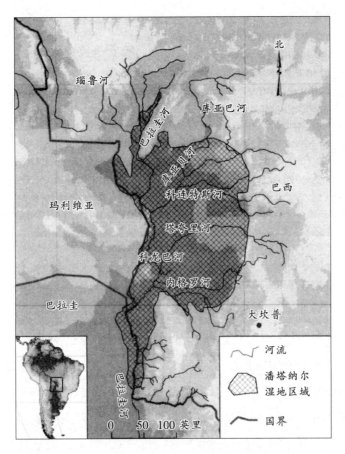

图 3.5　潘塔纳尔湿地及其支流 （伯纳德·库恩尼克提供）

纳塔尔沼泽在冰川期曾遭遇过几次旱灾，所以当地物种较少（不足5%）。

每年洪水泛滥，只留下一些小岛和高地散布其中。因为陆地从北向南和从东向西倾斜，坡度不十分明显，所以河流自北向南和自东向西流动，而且流速缓慢。由于坡度不明显，洪水淹没期会持续几个月。

潘纳塔尔湿地的植物　尽管当地只有干湿两季，但在潘纳塔尔沼泽，随着洪水的进退，可以看到四季都有生物活动。雨季开始的时候（从11月到南半球的夏季），这是水位上升的季节。洪水到达高峰期时，部分地区水深达16英尺（约5米）。温度偏低，几乎全部潘纳塔尔沼泽都处于水面以下。洪水经沉淀后变得清澈，除浅水中生长的植物外，水下植物也大量生长。接下来，退潮期开始，随着水位快速下降，水生植物因露出水面而死亡，陆地植物取而代之。最后，干冷季节——塞卡风来临，大部分潘纳塔尔沼泽干涸。除较深的河道外，水仅存在于缩小的浅水湖中。随着水面缩小，大型植物和水生动物死亡，出现了低氧环境，藻类生长茂盛。集中的食物供给，吸引了数量繁多的鸟类和其他野生动物。在塞卡风末期，气温上升，水温达到全年最高点。然后，雨季又开始了。每年气候都在极其潮湿和极其干燥的周期中变化着，经过几千年，动植物已经适应了这种气候。

由于潘纳塔尔沼泽面积庞大，所以环境条件差异也很大。科学家可以以此为根据，划分不同的地域。潘纳塔尔沼泽北部在气候和水文地理方面与南部有所不同。南部偏冷，洪水高峰期要比北部错后几个月。洪水最高峰早在2月份即可到达北部，而在6月份才到达南部。由于河床的地理位置，流经潘纳塔尔沼泽的河流连续泛滥，土壤积水期延长。

和所有的湿地一样，土壤积水期和海滨高度是相互影响的。潘纳塔尔沼泽是由海拔高度不同而形成的各种栖息地拼凑起来的，因而植被极为不同。生长在干湿季循环地区的植被，一年当中，明显地轮流生长。生态学家已区分出16种主要的潘纳塔尔沼泽植物，可以分为三大类：生长在不被洪水淹没的天然堤坝和高地的长廊林、周期性淹没地带的草原和低地草地、有地表水地带的水生植被。

海拔最低处是河流和小溪形成的水网，一些河流在低水位时期变成了间歇湖。在同一海拔地区，有湖泊和池塘，直径从几米到几千米不等。这些湖泊和池塘有的是永久性的，有的只在较湿的月份存在。潘纳塔尔沼泽中的典型植物——浮游草地，生长在这些湖泊中，但洪水泛滥时会被冲走，干季时会干枯。据估计，这些漂浮的沼泽，比潘纳塔尔沼泽中其他植被提供了更多的生物数量。这些植物包括洋水仙、水苔藓、古巴芦苇、马尾雀稗属和水莴苣，这些植物供养了大量的藻类、甲壳类、昆虫和鱼类。漂浮沼泽存在的湖泊和沿湖地区，也生长着不同的水下和水上植物，包括巨型具节莎草根、芦苇和南部香蒲。

季节性淹没的草原和热带（或亚热带）稀树大草原占潘纳塔尔沼泽面积的70%。这些地区可能被河水淹没，也可能被雨水淹没；在旱季，可能遭遇火灾。草原上生长着典型的巴西塞拉多地区森林草原植被，包括热带（或亚热带）稀树大草原、湿地草原和沼泽，主要有天然牧草地毯草、菊科草本植物和天竺草，海拔稍高地区生长着菅酮草。散布的棕榈和灌木丛点缀着这一地区。热带（或亚热带）稀树大草原逐渐过渡为半落叶冲积森林，生长着小树和矮树丛。遭遇河流淹没的地区，土质黏，主要以热带（或亚热带）稀树大草原为主。此外，还有大片的"白蚁热带（或亚热带）稀树大草原"，白蚁穴随处可见。这里生长着各种树木和灌木丛，包括番荔枝和黑樟树。

在很少被洪水淹没的较高地段和河堤上，生长着半落叶森林、落叶森林和长廊林（有些地方生长着棕榈树）。这里主要树种有柯合巴、木棉、番石榴、橡胶、木棉花、含羞草和落腺豆。

潘纳塔尔沼泽的动物　潘纳塔尔沼泽的生物多样化虽比不上北部的亚马孙河流域，但这里是498种鳞翅类（蝴蝶、蛾和跳虫）、264种鱼类、652种鸟类、102种哺乳类、177种爬行类和40种两栖类动物的家园。潘纳塔尔沼泽的动物群不同于周边的热带高草草原、巴西干燥的热带（或亚热带）稀树大草原和亚马孙河流域，其地方特性不明显。

潘纳塔尔沼泽有大量无脊椎动物。数量种类最多的无脊椎动物群，生活在浮游草地下面。这里是轮虫、涡虫、腹足动物、线虫、水蚯蚓、小甲壳类和水生昆虫的真正家园。多数水生昆虫目都在这里出现，最常见的目为石蚕蛾（毛翅目）、两翼昆虫、小虫和甲壳虫。

潘纳塔尔沼泽中许多节肢动物在它们生命的不同阶段需要水生栖息

地，洪水泛滥和极度干旱的循环，对于大多数节肢动物来说，是一种挑战。鳞翅类（蝴蝶、蛾和跳虫），还有其他昆虫和蜘蛛是多变的群体。高水位期，在三棵棕榈树上发现了1.6万种节肢动物，其中87%是昆虫，13%是蜘蛛，昆虫主要为膜翅目（蚂蚁、黄蜂和蜜蜂），其次是甲壳虫和蜘蛛。收集到的2197个成年甲壳虫，分属32个科，256个种类。物种和数量受干湿季的影响。许多陆地昆虫和蜘蛛按干湿季的循环迁徙入或迁徙出树林。

潘纳塔尔沼泽中的软体动物种类繁多。大量的蜗牛、蚌类和蛤被水獭、涉水鸟及其他动物，包括人类吃掉。淡水蟹和大虾是食物网上处于腐质和大型食肉动物，包括凯门鳄之间的重要一环。

潘纳塔尔沼泽中，鱼类有268种至405种。它们属脂鲤目、鲈形目和鲶目。脂鲤目包括各种热带淡水鱼、铅笔鱼、水虎鱼和脂鲤。淡水沼泽中脂鲤数量繁多，但水虎鱼更有名气。鲈形目中，多见丽鱼科鱼。鲶目包括几种长须鲶和下口鲶。

鱼类是随着一年季节周期变化而变化的。在湿季，随着潘纳塔尔沼泽洪水泛滥和水位上升，鱼类分散到洪水泛滥地区。当洪水退去时，鱼类又游回了河、湖和池塘。当它们集中到不断缩小的池塘中时，很多被食肉动物吃掉。在强烈的塞卡风来临时，低氧环境和动物的掠食导致鱼类数量的减少。有许多鱼能活过塞卡风期，另一些鱼则钻入泥土冬眠。

这是一个被简化了的复杂而动态的食物网。复杂而动态的一部分原因是，淡水沼泽水文地理的周期性循环，造成季节性生态的周期性变化。淡水沼泽中，鱼类用种种方法去适应极度的干湿季节变化带来的压力和机会。在旱季，这种鱼生活在河流和湖泊中，主要捕食无脊椎动物，如淡水蟹等；在雨季，它们转而食用水果和鲜花。许多小的热带淡水鱼，以浮排下的无脊椎动物为食，但到了雨季，它们会到洪水泛滥的草原中寻找草料。许多以无脊椎动物为食的鱼类，会随着不同的无脊椎动物数量到达高峰而转换捕食对象。鱼类是潘纳塔尔沼泽中的机会主义者。

这里最具经济价值的鱼类是迁徙的。在塞卡风期，随着水位的下降，成年的迁徙鱼类会游回河道，并开始向上游河水的源头游去。这一迁徙是由脂鲤领头。到了河水源头，它们开始繁殖，并等待雨季的开始和水位的上升。这时它们产卵，卵被冲到下游。卵和鱼苗被洪水带到潘纳塔尔沼泽的浅水草原和平原。在这里，它们找到足够的食物和庇护所。成年鱼开始往回迁徙，它们在洪水淹没淡水沼泽时到达。在这里，它们度过高水位的几个月份。洪水退去时，成年鱼开始又一次迁徙。未成年的鱼还要留在下游的湖区，直到成年。在塞卡风期，由于被捕食或遭遇饥饿，鱼类的死亡率很高。

迁移的鱼类包括热带淡水鱼，其中以大盖巨脂鲤和鲶鱼而为人知。一些鱼迁徙的距离令人惊叹，能达到几百千米。鱼类的迁徙吸引了大量捕鱼者，一些鱼类已经被限制捕捞。

一些鱼类只生长在潘纳塔尔沼泽，或至少在巴拉圭河流域，如淡水比目鱼。据报道，一些热带淡水鱼只生长在潘纳塔尔沼泽或巴拉圭河流域。潘纳塔尔沼泽中大部分鱼类，来源于亚马孙河流域。

潘纳塔尔沼泽是观鸟者的天堂。据报道，在湿地生活的鸟类有400种到800种。潘纳塔尔湿地令人惊叹的不仅是鸟的种类，而是鸟类巨大的数量。许多鸟常住于此，但大量的候鸟也到这里来栖居。

虽然鸟类的数量和种类繁多，但本土鸟很少，只占2%。潘纳塔尔湿地是连接邻近生物地理区的一个通道。塞拉多稀树草原和恰可地区的鸟类，以及一小部分森林鸟类，在亚马孙河流域和南大西洋雨林之间迁徙栖居。其他候鸟，包括新北区的候鸟，利用三条候鸟迁徙路径，飞越淡水沼泽。对于其他鸟类来说，淡水沼泽是一个屏障：对于亚马孙河流域的鸟类，形成一个南部屏障（可能由于南部冷空气不断侵入）；对于南大西洋沿岸的鸟类，形成一个北部屏障。鳞翅类也是这样一种活动模式。

许多鸟类和大量涉禽栖居在潘纳塔尔湿地。一些鸟类长期栖居，另一些是候鸟，包括新北区的候鸟。观察鸟类包括一些大型淡水沼泽鸟类，如鹳是淡水沼泽鸟类的代表。淡水沼泽的观察鸟包括几十种鸭、鸬鹚、苍鹭、水鸟、麻鸦、翠鸟、鸢，甚至燕子。

由于适应了干湿季的变化，许多非水鸟类也栖居在这一地区。许多鸟类栖居在塞拉多稀树草原，其中有29种蜂雀和一种大型不能飞的鸟——美洲鸵。有冠毛的长腿兀鹰——猎鹰科的成员，有时是食肉动物，有时也以仅有的几条公路路面上的腐肉为食。淡水沼泽中另一种令人惊叹的鸟，是体型很大、长有亮蓝色羽毛的金刚鹦鹉，这是巴西，乃至世界上，最大的鹦鹉之一，现在面临着严重的生存危机，主要是因为国际市场稀有鸟类的交易，人们进行偷猎造成的。有着引人注目红色头顶的红衣凤头鸟，是淡水沼泽的象征。栖居在当地的鸟类是蚁鸟。

潘纳塔尔湿地给人们留下较深印象的是聚居着几百只大鸟的树林。不同鸟类群体占据同一片树林，垂直分为几个区域。如此众多鸟类的排泄物，对树木来说是致命的。密集的鸟巢，装满了鸟蛋和雏鸟，一些鸟蛋和雏鸟会掉出鸟巢，吸引了许多陆路和水中的食肉动物。

尽管潘纳塔尔沼泽中哺乳动物数量很多，但种类很少，据统计，仅百余种，三分之一是蝙蝠。当地没有哺乳动物。世界上最大的啮齿动物——水豚，是一种食草动物，主要在陆地生活，水性也很好，是大型食肉动物的猎物。人们因为需要它们的皮和肉而捕杀它们。潘纳塔尔沼泽中鹿的种类不多，半水性沼泽鹿是有记载的五种鹿之一。由于这里家养牲畜的数量越来越多，鹿的数量在下降。野猪也是潘纳塔尔沼泽中食草一族。

捕食哺乳动物、鸟类、爬行动物、两栖动物和鱼类的食肉动物有四种豺狗和几种猫科动物。其中一种豺狗是稀有的、濒临灭绝的鬃毛狼，也称作塞拉多稀树草原的瓜拉尼狼。最大的猫科动物是美洲虎，但数量更多的大型猫科动物是美洲狮。潘纳塔尔沼泽美洲虎与虎类动物有很多共同之处，其中之一就是水性好。一些较小的猫科动物数量在减少，如美洲山猫、山猫和虎猫。水中食肉动物有水獭和小水獭。

还有两种常见的猴：吼猴和卷尾猴。它们都是树栖的。吼猴发出的声音可以传到几千米之外，可能是新大陆声音最大的动物。

在20世纪，潘纳塔尔沼泽有了几种新的哺乳动物：几百万头家养牲畜，遍布沼泽的大部分地区，还有家养水牛、野生水牛、野猪和野牛。

像潘纳塔尔沼泽这样大片的湿地，应该是两栖类动物的沃土。当两栖类动物数量繁多的时候，它确实是这样，至少是季节性的。然而，两栖动物的种类并不多。在北部淡水沼泽，有30种两栖动物。半数青蛙和蟾蜍是树栖的。伴随着旱季的结束，栖息地的扩大，两栖动物的数量在增加，但两栖动物面临着被各种食肉动物（鸟类、爬行动物和哺乳动物）捕食的危险。

潘纳塔尔沼泽中生活着两种水蟒。黄水蟒身长可达20英尺（约6米），主要在水中觅食；体型较小的大蟒是陆栖和树栖的。潘纳塔尔沼泽珊瑚蛇、响尾蛇和两种矛头蝮都属于毒蛇。矛头蝮的毒液非常毒，可在几小时内致命。响尾蛇咬后危险不大，但可能致盲、瘫痪和呼吸衰竭。

这里数量最多的爬行动物是凯门鳄。历史上曾记载过，潘纳塔尔沼泽中有三种凯门鳄，但现在仅存一种，这种凯门鳄生存得很好，数量很多。它是食物网上的重要一员。水虎鱼数量的减少，要归因于凯门鳄。凯门鳄是食肉动物，以软体动物、螃蟹、鱼、鸟、水豚和其他哺乳动物，甚至凯门鳄同类为食。凯门鳄是重点保护的对象，为了得到它的皮而进行的偷猎，显然是一种威胁。

潘纳塔尔湿地的未来　在最近一次有关保护潘纳塔尔沼泽的专题讨论会上，人们把现在的潘纳塔尔沼泽的状态和50年前佛罗里达沼泽的状态加以比较。那时的佛罗里达沼泽有一个相对健康的生态环境，仅它的面积和良好的健康生态环境，足以使它坚不可摧。最终导致其被全面破坏的威胁已经很明显了：大规模的水利计划，改变了环境和水文地理；毁林造田；排干沼泽，变成牧场和农田；修筑公路；引进物种；偷猎和过度狩猎；人口和家畜数量增加。今天，潘纳塔尔沼泽面临着同样的威胁，如果这些威胁继续加剧，潘纳塔尔沼泽将重蹈佛罗里达沼泽的覆辙，生态环境会不断恶化，最终被完全破坏。

高纬度湿地：西西伯利亚洼地

西西伯利亚洼地（WSL）被描述为世界上最大的洼地或世界上最大的湿地。这一区域确实很大，超过100万平方英里（约260万平方千米），且人烟稀少。绝大部分地区覆盖着草本沼泽和泥炭沼泽（见图3.6）。其西部边界是乌拉尔山脉–莫斯科以西746英里（约1200千米）处一座南北走向的山脉。其东部边界是大约距乌拉尔山1240英里（约2000千米）的

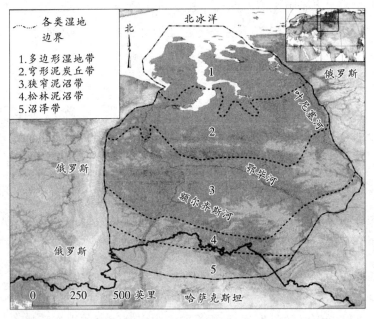

图 3.6　西西伯利亚洼地（伯纳德·库恩尼克提供）

叶尼塞河（从蒙古国北部流向北方）。这片洼地的南部边界恰好与北纬55°平行，从西部的车里雅宾斯克，穿过鄂木斯克、诺沃西比尔斯克和伊尔库茨克到达东部。这条线以南，地形开始逐渐过渡到以俄罗斯干草原为特点的较高且干燥的土地。

西西伯利亚洼地的南部流入鄂毕河和鄂尔多斯河水系，东部汇入叶尼塞河。其余部分流入几条小河，这些小河又进入鄂毕河的支流。鄂毕河和鄂尔多斯河流域是世界上第四大流域，面积115.8万平方英里（约300万平方千米）；这个流域包含绝大部分的西西伯利亚洼地，始于哈萨克斯坦的干草原和与蒙古国、中国接壤的山脉地区。鄂尔多斯河穿行于这片洼地，它流经1550英里（约2500千米），且只下降500英尺（约150米）。鄂毕河在流经洼地时也很顺畅，因为它的坡度极低。大部分西西伯利亚洼地海拔低于330英尺（约100米）。

西西伯利亚洼地地形平缓，上面点缀着各种不同的植被，还有蜿蜒的河流、湖泊与池塘。空中拍下的照片和卫星传回的影像表明，偶尔会看到人类聚居地、公路或者穿越此地的输油管线，但是绝大部分地区几乎没有人定居。这不足为奇，因为这儿的气候并不适合人类居住。这一地区是典型的大陆气候，冬天寒冷，夏天温暖。冬天的温度可达-75℉（约-60℃），而夏天的最高气温可达90℉（约32℃）。大多情况下，夏天通常更温和潮湿。夏季短暂，生长季50天左右。

西西伯利亚洼地带 随着纬度的改变，主要植被也呈现出不同的带状模式：多边形湿地带、穹形泥炭丘带、狭窄泥沼带、松林泥沼带和沼泽带。多边形湿地带处于最北部。在这里，所有土壤下面都是永久冻土，植被主要是苔原——草、莎草、长青木、苔藓、地衣和一些草本木本植物（阔叶植物）。多边形湿地为13.8万平方英里（约35.7万平方千米），占整个西西伯利亚洼地的13%。沼泽占这个区域的绝大部分。

多边形湿地很显然是在与永久冻土形成有关的冻裂造成多边形时形

成的。随着时间的流逝，沉积物和植被沿着裂缝形成"矮墙"，造成不均匀的直径为30~100英尺（大约10~30米）的多边形地形。这些墙大约1英尺(约0.3米)高，1.5英尺（约0.5米）宽。墙上干燥的、轻微隆起的地形为低矮灌木、苔藓包括泥炭藓和草及莎草提供了有利的生长条件。多边形内部避风的、排水不畅的地带为适应贫养环境的草、莎草及苔藓提供了栖息之地。这样的环境再加上养分低、矿物质少以及pH值低等条件，非常适合泥炭的形成。

这个区域的大部分，尤其是最低的地方（洪泛平原、湖边）都是同类湿地——平缓、广阔的泥炭沼泽，有时点缀着高出其他同类低矮植物的草丛。这是羊胡子草的草丛，它的根和较早的植物物质使其升高。

冬季漫长、寒冷，且风很大；夏季短暂、凉爽。植被表明植物对严峻环境的适应。首先，所有植被都靠近地面，以减少干燥大风的影响。仅有的树和灌木丛（例如，一些柳树品种，如极地柳）极其矮小。其次，有些植物如石楠属常青灌木，包括杜鹃花和北美杜鹃花，都有粗糙坚韧的叶子来保存水分，以抵抗大风的影响。第三，有些植物采用聚集在一起的生长形态，即以丛、簇的形式来抵御寒风。草和莎草形成丛，常青灌木丛也聚在一起形成垫状的东西。前者不仅仅能抵御严寒和寒风，也能抵抗不同的水位。第四，有些植物，如草本植物采用玫瑰花式生长方式，新长出的稚嫩的叶子被环状的叶子包围遮挡。

有些科学家已经把多边形湿地细分成北极和亚北极带。这也是遵循南北坡度不同的原则。主要的不同集中在气候、植被和泥炭层的厚度。南部泥炭层厚一些，植被类似，种类随着向南移而不同，矮灌木频繁出现。西西伯利亚洼地南部与众不同的植物是低矮的野生黄莓。亚北极带与北极带相比有较少的多边形沼泽，较多的同类沼泽。

所有的多边形湿地必须适应极端的条件。土壤生物只包含几个能适应低氧、酸性土壤的种类，如跳虫（弹尾目的小昆虫）、螨虫和被称为线

蚓的小虫。苍蝇（双翅目昆虫）、甲虫、蝽（半翅目昆虫）、蚜虫类、叶
蝉以及穿山甲等都会在温暖的季节大量出现。旅行者们发现，咬人的虫
子太多了，初夏时根本不能到这个地方旅行。蜘蛛的数量也很庞大且种
类多样。驯鹿、麋鹿以及很多鸟类，尤其是鸭子、鸽子和涉禽都季节性
地出现在这片湿地上。食物网中非常重要的种类是旅鼠。大量的旅鼠为
红狐、北极狐、狼和几种猛禽提供了食物。这些食肉动物也以山兔为食。
有时人们可以在岸边发现北极熊。许多哺乳动物通过改变颜色来适应不
断变化的环境，北极熊、旅鼠，以及山兔冬季时可长出白色皮毛。这个
策略有助于降低热的损失并提供伪装。

穹形泥炭丘带之所以有这个名字是因为那里有泥炭丘——底冰或穹
形冰的形成所造成的地形，上面是泥炭层。这些冰层是一种永久性冻
土，它的持久性存在是因为有一层绝缘的泥炭层。在西西伯利亚的穹形
泥炭带，北部高度为6~12英尺（约2~4米），南部高度为18~24英尺
（约6~8米），直径一般是60~300英尺（约20~100米）。

这个带主要位于鄂毕河和叶尼塞河之间的洼地上。泥炭丘湿地约占
这个带的一半。北部是永久性冻土，南部是临时性冻土。泥炭丘带的主
要植物有低矮灌木、黄云莓、其他草本植物及苔藓等。中间的低洼空隙
覆盖着莎草、羊胡子草、草本植物和苔藓。

这个地带是苔原和提亚咖（tiaga）之间的交错群落，所以其生物种
类相对很多。动物包括许多我们在多边形湿地中见过的。但是在这里水
獭出现了，许多濒危的西西伯利亚水獭和鹤也出现了。一些候鸟也在这
里度夏，包括几种来自南方的种类，但在多边形湿地中并没有发现。

巨大的线型沼泽，有时被称为西西伯利亚沼泽，占地面积为50万平
方英里（约130万平方千米），其中51%~70%是泥炭沼。它包括鄂毕河
和鄂尔多斯河的洪泛平原以及被这两条河分隔开的平地。尽管地形复
杂，但大部分由凸起的沼泽构成。中间地带比边缘地带高30英尺（约10

米）。一般来说，中间地带由贫养、无树的沼泽构成，有无数的湖泊，被波罗的海沼泽苔藓占据。有坡的边缘地带干燥，而且主要植物有锈色泥炭苔藓和西伯利亚松林及苏格兰松林。这些突起的沼泽直径可达几千米。

这个区域的一个主要特点是出现了线型沼泽。它们常常出现在河流流动方向性很强的区域，不管它流动的多么缓慢。线型沼泽抬升了泥炭圆丘和泥炭植被，与河流流向呈垂直方向，形成一系列脊或线，被池塘和低洼湿地隔开。植物联系反映了在脊和低洼地之间的海拔和湿度的差异。线型沼大约10英尺（约3米）宽，彼此距离30英尺（约10米）。

这个带中的高地覆盖着北方的树林或沼泽化的线型沼泽和高位沼泽。洪泛平原和低洼地带到处都是森林或湿草地/灌木丛沼泽。值得注意的一个特征就是巨大的瓦休甘湿地，面积3800平方英里（约1万平方千米），据说是世界上最大的湿地。沿瓦休甘河及其支流主要有高位沼泽和线型沼泽。

线型沼泽带有各种动物，包括成千上万的昆虫种类，其中有一些在夏季会大量繁殖。从苔原繁殖地飞来再飞回去的候鸟吃掉大量的昆虫。哺乳动物包括棕熊（在北美称为灰熊）；猞猁；极其强壮并具攻击性的狼獾以及几种狼獾的近亲（鼬科成员，包括水獭、黑貂、貂鼠、白貂、鼬鼠和水貂）。

松林沼泽带基本上是从北至南90~100英里长（大约150千米），1200英里（约2000千米）宽，覆盖的面积比科罗拉多州还要大。大约20%是泥炭地；干燥地区覆盖着落叶白杨、白桦林，北部覆盖着针叶林。这里有各种不同类型的沼泽——从贫养高位沼泽到中养和富养莎草苔藓沼泽。苔藓和莎草占据着洪泛平原湿地，其中还有芦苇。木本森林沼泽有丰富的松林、欧洲白桦林、草地和莎草。

沼泽带是一个大的区域（17万平方英里或约44万平方千米；大约是华盛顿州和俄勒冈州合起来那么大），比北部地带更高、更干燥、更温暖。它是从西西伯利亚洼地到干草原的过渡带。这个地方地势平缓，排水不好；许多河流流入湖泊，没有入海口。有些是淡水湖，有些是盐湖。气候是大陆性气候，每年降水量平均只有15英寸（约380毫米）。冬季寒冷，夏季炎热，常常干旱。植被包括草地和白桦林、白杨林。泥炭地占这一地区面积的5%，有富养的莎草、苔藓、芦苇以及草本群落（包括芦苇、细杆芦苇及河草，其他的莎草和草本植物等）。贫养和中养湿地相对较少。这一区域的哺乳动物包括一些穴居的啮齿类动物，如仓鼠。狼以这些啮齿类动物为生，偶尔也吃些狍子。这一区域的湿地对于迁徙水鸟来说是非常重要的栖息地。

西西伯利亚洼地的未来　西西伯利亚洼地的生态系统的完整性面临两个主要的威胁：(1) 能源开发和生产；(2) 全球气候变化。农业已经使一些地区受到影响，伐木极大地改变了森林的构成，尤其在南部。打猎和非法狩猎已经对某些物种产生负面影响，但是石油和天然气的生产及有关的污染和栖息地的破碎尤其对北部有更大的冲击。全球气候的改变预计在高纬度地区更大，可预知的改变似乎正在发生，有温度升高、融化永久冻土的趋势。大量发表的研究结果焦点集中在西西伯利亚洼地的泥炭地上。当这一地区变暖时，它将成为全球碳的汇集地和温室气体可能的发源地，尤其是沼气。

人类对湿地的影响

人类对湿地有着广泛、普遍的影响。根据密茨和戈斯林克所说，我们有足够的理由假设现在全球正快速地失去湿地，我们已经损失原来地球湿地的50%。长久以来，人们都认为湿地是废地，它已经被填埋、排干或者被埋在水坝下面。没有被人类有意变成农田或城市用地的地方，也被道路和运河切断、破坏，或者因伐木、水污染、水文改变及有害物

人类对湿地的影响

人类对湿地的影响包括水文改变、污染、干扰和栖息地碎化。

水文改变

·水位的稳定可以降低或消除维持生态系统所需的干扰（洪水脉冲）；通常建水坝就是这样的后果，尤其是以控制洪水为目的的水坝。

·水位上升或水文期延长；可能是因储水或地面下沉所导致的(源于石油或天然开采)。

·水位下降或水文周期缩短；一般是因排水（挖沟浇地）或不断增加的地下水的开采引起的。

污　染

·增加本水域内因改变地貌活动而产生的淤泥。

·来自点源或非点源或大气沉降的丰富的养分。

·有害物质增加，例如，金属或杀虫剂。

干　扰

·在生态系统内定期地放火或灭火。

·远离公路的车辆使用。

·伐木。

·引进侵略性的有害物种，如芦苇或河狸鼠。

·通过打猎或非法狩猎减少物种，导致营养状态、物种构成、甚至栖息地的阶式透改变。

生态系统的破碎

·修建道路、运河、排水渠以及堤坝都会干扰水文进程，阻止物种运动和扩散。

种的引进而退化。工业化国家都经历了这些湿地毁灭的过程。因为欠发达国家采纳发达国家使用的方法，所以这种状态在蔓延。地球上偏僻地区的湿地正在受影响。潘塔纳尔湿地正在受到高地农业、旅游、大规模水利发展项目的威胁。世界上的湿草地和沼泽正在变成农田，北方大面积的泥炭地正在经历气候的快速改变，其生态影响还不可预知。尽管在本书中没有讨论红树沼泽，但在世界的一些地区它受到了水产业扩张的威胁。

那么，湿地的未来会怎样呢？除非大灾难，否则世界人口很可能在本世纪末达到90亿，因此世界经济会继续扩张。导致湿地毁灭的潜在因素在加剧。与此同时，人们对湿地的态度已经转变很多，湿地保护和恢复正在广泛地进行。

科学家和资源管理者们都已经广泛认识到未开发的健康湿地的价值。湿地的价值和功能以经济学家们所说的"公共利益"（即经济利益，它的存在使每个人受益，或者至少很多人受益）为特点。在市场经济条件下，公共利益往往被忽视，因为这些资源的私有者不能轻易地利用它们获得资本。而过去免费从湿地获得益处的公众也不想主动为湿地的继续存在付费，即使人们想这样做，途径也不明显。因此，湿地保护和恢复的许多计划都是政府性的。

美国联邦政府和它的计划项目是全美国湿地保护的驱动器。从20世纪80年代开始，每一届政府已经采纳了至少"零净损失"的目标，包括克林顿和布什当局都把目标定在净增长上。

国际上也有湿地保护协议。尽管拉萨姆公约最初焦点集中在涉禽栖息地的保护上，但是这个公约的范围已经扩大到包括湿地保护和使用的所有方面。由公约促成的湿地的可持续性使用，意味着有益的人类的使用与保持湿地自然功能和价值是可以兼容的。由联合国管理的拉萨姆公约列出一系列重要的湿地，名为"国际重要湿地"。到2006年11月，列表中已有1634个重要湿地，覆盖面积达562312平方英里（约145万平方千米）。拉萨姆公约还指导研究并宣传有关湿地的信息。

湿地的创造和恢复

　　湿地创造和恢复的艺术性、科学性很大程度上取决于零净损失目标的实施。在反复试验过程中，人们学到了很多。湿地恢复与在没有湿地的地方造出湿地相比，更容易成功。然而，许多湿地科学家认为，这两种方式并无益处，甚至创造湿地危害更大，因为这两者可能会导致湿地功能和湿地价值的长久损失。大多数已恢复和创造的湿地并没有存在很久，也没有获得长期的成功。

第四章
湖泊与水库

湖泊、池塘和水库都有一个共同的特点，即它们都是水域较宽、相对较深、没有或几乎没有水流流动的水域。在湖泊与池塘之间，还没有以科学为依据的普遍承认的不同特点。唯一的区别是池塘小，湖泊大。既然池塘在生态上类似于小湖，它们就被归类为湖泊。

水库或被大坝围住的水域是人造湖。在世界上的许多地方，其数量都超出了天然湖。除了一些例外的情况之外，水库是在河流上修坝围起来的静止水域。在生态上，它们确实类似于同样比例的天然湖泊，只是其水文情况是经过人类改造的。所以我们将把它与湖泊分开描述。

湖泊的分类

划分湖泊有一些方法。我们可以根据其起源、营养状况、混合条件、生态状况、大小形状（它们是自造营养平衡还是非自养平衡）以及受人类影响的程度来归类。

根据湖泊起源分类

天然湖泊是通过一些独特的进程才在自然环境中形成的。起初很多湖泊都是冰川。地球已经经历了很多次冰川期的进与退。这些冰川活动频繁的时期被称为冰川期（冰河时代）。最近的冰川期是在不到二万年前结束的。其残余部分还留在极地和高纬度地区。在冰川期，巨大的冰川覆盖北半球的大部分地区。冰川以几种方式形成（并一直在形成）湖泊。大块的冰川滑向山谷或穿过开阔的山地，它的前面堆积了大量的物质，而这些物质在冰川融化后就变成了天然的水坝。穿过山地的大冰块留下来冲进洼地，那里充满了融化的水和雨水。北美的五大湖就是这样形成的。融化的冰川会留下巨大的冰块插入地面，当它融化时，湖泊就随之而成。

世界上一些最大、最古老、最深的湖泊是由地球表面的移动形成的。盆状洼地（裂谷）是在地壳下沉或者上升时形成的。裂谷是地球上最壮观的景色。非洲的大裂谷从非洲大陆的中东部向北延伸4800千米，进入叙利亚。这个大裂谷有两个世界上最大的湖泊——坦噶尼喀湖和马拉维湖。每一个都有几百千米长并且很深。贝加尔湖——地处亚洲的裂谷湖是世界上最大（根据体积）、最深、最古老的湖泊。

湖泊的形成也与地球构造活动的另外一个现象有关——火山。火山上的锥形体在火山爆发之后下陷，形成一个洼地，也就是人们熟悉的破火山口。如果这片洼地注入水，湖泊就形成了。俄勒冈州的火山湖就是一个例子。

许多湖泊都与河流有关。当河流蜿蜒穿过洪泛平原时，会形成并改造河道，切断蜿蜒的河流，摈弃以前的河道。这些旧河道现在弯曲成湖泊，就是我们所说的牛轭湖或者在澳大利亚被称为死河。另外，对洪泛平原上留下的物质的侵蚀、整理和再沉积，又会导致其他湖泊的形成。洪泛平原的湖泊，不管它是不是牛轭湖，都会随着高水位在水文上定期地重新结合。湖泊也会在海边形成。当海边沙丘或堰洲岛形成时，溪流就会流入其后面的洼地。

已经持续存在很久的湖泊被称为"古湖"。连续存在十万年是古湖的最低标准之一，其他的标准更高。这种湖泊的生物区有足够的时间形成物种。而这样的湖泊可能会栖息许多独特物种。古湖的数量相对较少，只有20座（这个标准不精确，时间的估计也不准确，因此，在文学作品中有许多不同观点）。除博苏姆推湖(加纳)是由流星撞击地球形成外，大多数是裂谷湖或板块构造湖。在表4.1中你可以认识这20个古湖泊。

表4.1 世界上的古湖泊

湖泊名称	周围国家	估计的年龄(百万年)
艾尔湖	澳大利亚	20~50
马拉开波湖	委内瑞拉	> 36
伊塞克湖	吉尔吉斯斯坦	25
贝尔加湖	俄罗斯联邦	20
坦噶尼喀湖	坦桑尼亚、布隆迪、刚果(金)、赞比亚	9~20
里海	伊朗、哈萨克斯坦土库曼斯坦、俄罗斯、阿塞拜疆	> 5
咸海	哈萨克斯坦、乌兹别克斯坦	> 5
奥赫里德湖	阿尔巴尼亚、马其顿	> 5
普瑞斯帕湖	阿尔巴尼亚、希腊、马其顿	> 5
拉瑙湖	菲律宾	3.5~5.5
的的喀喀湖	玻利维亚、秘鲁	3
马拉维湖	马拉维、莫桑比克、坦桑尼亚	> 2
太和湖	美国	2
库苏古尔湖	蒙古国	1.6
博苏姆推湖	加纳	>1
沃斯托克湖	南极	> 1
火山湖	加拿大	> 1
平瓜鲁克湖	加拿大	> 1
维多利亚湖	肯尼亚、坦桑尼亚、乌干达	12,000~750,000
琵琶胡	日本	> 0.4

（作者提供）

根据营养状况分类

在人们根据营养状况对湖泊进行分类时，焦点主要集中在湖泊的生物群落，尤其是植物身上。水生或半水生植物，尤其是水藻对营养水平极其敏感。养分是动植物都需要的化学物质，即生物的化学基本物质。植物需要氮、钾、碳、镁、磷和硫（需求量以降序排列），以便形成碳水化合物和更复杂的分子。它们也需要许多其他的化学物质——微量营养物。

在湖泊中，植物通常拥有它们需要的除氮和磷之外的所有养分。生态学最基本的法则是植物、动物、细菌或任何生物的总数量增长直至它们用尽某些关键养分，这就是莱比锡最小量率。概括地说，莱比锡法则就是生物的总量将会增长，直到它们耗尽任何必要的因素，例如光。然而，缺乏必要的养分或物质条件并不是限制生物总量增长的唯一因素。食草、食肉和疾病往往限制总数。限制总数增长的关键营养成分被称为必要养分，氮、磷通常都是水生体系的必要养分。

尽管没有普遍认同的精确测量不同湖泊养分的标准（见表4.2），但是，如果因湖泊关键营养水平较低而导致植物数量较少，尤其是水藻数量较少，那么这座湖泊就是贫营养的。而富养湖（营养水平高的）有着丰富的动植物。

例如，在一些极端的案例中，人类把废水排放到湖泊中，而这大大提高了湖中氮、磷的水平，这些湖泊被称为"超富养"湖泊。中营养的湖泊处于贫营养湖泊和富养湖泊之间。有时它被归类为营养不良性湖泊。尽管贫营养、中营养和富营养都指的是湖泊自身植物的数量，但是营养不良湖泊虽植物数量少，有机物（以碳为基础的）含量却很高。有机物来自陆生环境（树叶、松叶），并且能被分解。被归类为营养不良的湖泊通常都是含酸高的沼泽，其中水藓占据主要地位（见第三章）。

表 4.2   不同营养状况湖泊的特点

特点	贫养	中营养	富养	营养不良
质量	高	中度	因为浮游植物密度高而降低了水质量	水质量常常较差,因为腐殖酸,但有时水质量好
磷的水平	相对低	中度	相对高	低
氮的水平	相对低	中度	相对高	低
湖底物质	岩石的、小沉积物累积	有些沉积物累积	相当多沉积物和有机物的累积	包含几乎所有有机物
浮游植物数量水平	低,产量少	中度	非常高	较低,种类少
大型植物数量水平	低,很少有水生植物,除非透光层有足够的光线	适度	透光层供养大量的水生、浮游植物	高,但是种类少,主要植物是泥炭藓
可溶氧含量	高,通常透过整个水层	中度;可能分层	低,尤其在深水;昼夜波动	低
渔业类型	冷水	暖水	暖水	冷水,但 pH 值低可能妨碍生长

如果湖泊的食物网主要是以湖中植物为主要来源,那么这种湖泊就是自养湖。如果食物网的大部分能量来自于陆生环境所提供的有机物,那么这种湖泊就被称为非自养湖。陆生有机物有可能是树叶和松叶,陆生动物的排泄物,种子、果子和花粉以及来自土壤的有机复合物。在自造营养的湖泊中,通过光合作用所留下来的碳含量比其被用于湖泊生物群呼吸的量大得多。在非自养湖泊中,食物能量的绝大部分源于分解物,它使得陆生有机物可以进入湖泊食物网。在纯非自养湖泊中,用于呼吸的能量比用于光合作用的能量多。总体来看,世界上的湖泊都是非自养的,它们通过呼吸向大气层排放的二氧化碳比通过光合作用去掉的二氧化碳要多。

以混合为基础的分类

湖泊有时根据不同水层混合的频率来划分。许多湖泊,尤其是深水湖有热分层,就是把湖水分成不同的层,层与层之间很少或从不混合。在分层湖中,最底层称为下层滞水层或均温层。其特点就是氧含量很低,许多生物很难在那里存活下来。因此,经常、彻底的混合对于湖泊生态环境来说是很重要的。正是通过这种混合,深水层才变得更加适合鱼和其他生物群栖息。

风常常会带来混合,因此它是季节性的。在气候温和地区,风常常和春秋有关,而夏季却是一个少风的季节。混合也是季节性的。水上层的变暖(春夏)和变凉(秋冬),使得底层水一年之内不止一次会和上层水有同样的密度,这样混合就会发生。最后,湖泊的大小也会有助于其混合:大而浅的湖泊比小而深的湖泊(尤其是那些被大树、小山或峭壁遮挡的湖泊)更容易受到风的影响。事实上,所有的湖泊,尤其是大湖泊,都比书上列出的典型湖泊更易于受风的影响,因为湖泊的垂直范围(深度)通常都被夸大了。例如,贝加尔湖是世界上最大的湖泊。395英里(约636千米)长,50英里(约80千米)宽,但只有1英里(约1.6千米)深。换言之,其长度几乎是它深度的400倍。它的比例尺就和1英寸(约2.54厘米)深,4英尺(约1.22米)宽,33英尺(约10米)长的小沟一样。很显然这样的湖泊相对于其体积来说,它的表面面积更大,更容易带来风。

不同的湖泊有不同的混合条件,因为影响混合的因素(气候、大小以及形状等)每个湖泊都不一样。下面是根据混合条件分类的湖泊:

·单融温:每年只进行一次短暂的从上到下混合的湖泊。

·双融温:每年进行两次从上到下的混合(气候温暖地区的湖泊),春秋各一次。

·多融温：分层且能在一年内多次混合的湖泊。

·寡融合：几乎不混合的湖泊。如果发生混合，也是很罕见的。这样的湖泊通常在热带。

·局部循环/半对流：只在上层进行混合，底层几乎不混合的湖泊。部分是因为低温和高密度，部分是因为可溶固体的浓度高（它也会提升密度）。

与一些局部混合湖泊有关的一个有趣（有时是致命的）的现象是湖泊爆发。过饱和的深层水与被溶解的气体（尤其是二氧化碳）快速混合，这可能是由山体滑坡或地震引起的。当这一现象出现时，大范围的气体释放就有可能发生，结果湖泊"打嗝"了。但这对尼斯湖来说却是非常严重的状况。尼斯湖是西非国家喀麦隆境内的一座火山湖，1986年，因不明原因，湖泊爆发了，释放出大量二氧化碳及其他气体，近2000名当地居民丧生。另一次二氧化碳释放发生在1984年的莫努恩湖，也在喀麦隆。

根据人类影响程度所做的分类

有些远离工业活动中心的湖泊被称为"原始"湖泊。这样的称号与其说是对湖泊的归类，不如说要使人们意识到人类影响的范围——从较轻的影响到根本的改变。如果只是因为人类对气候和大气化学普遍存在的影响，那么大概就不会有原始湖泊这样的说法了。地球上没有一块地区没有人类的影响。咸海是这个范围内一个极端的例子。人类对这个湖泊的影响是灾难性的。人造湖也属于这个范畴。

湖泊的物理环境

湖泊的物理环境是湖泊生物赖以生存的平台，它们必须适应这种物理环境，否则就会死亡。对于普通人来说，湖泊有相对简单、类似的环境。但事实上，湖泊环境是复杂多变的，许多物理可变因素带来了环境的多样性。

水文状况

湖泊是地表洼地被注入水之后形成的。其体积就是它所能容纳的水的总量。这个量可通过湖的长度乘以它的宽度，再乘以它的体积计算出来。水定期地或连续不断地加入湖泊，也会不断地或多或少地流出湖泊。输入的水并不多：雨会直接降到湖面，地下水流入湖中，小溪河流中的地表水也会流入湖泊中。输出的湖水量也不大：湖泊中的水经由河流出口流出，蒸发（在干燥炎热的地区尤其重要），湖水渗入断层或流入地下水系统。

恒定的湖平面（湖水深度）说明流入和流出的水量相等，但恒定水位很难保持长久。因为降雨是季节性的，湿季时湖面上升，干季时湖面下降。如果湖泊有出口（那些没有出口的湖泊称为内陆湖），当湖面上升时水流速度就加快；湖面下降时，水流速度就缓慢。蒸发也常常是季节性的，它取决于太阳强度、风、相对湿度和湖水温度。

与湖水体积有关的流入流出速度决定阻滞和停留时间。这就是任何一个特定水分子在湖泊中停留的平均时间。它是由湖水体积除以流出速度得出的。至于停留时间，不同的湖泊之间差别很大。加拿大与内华达州之间的太和湖停留时间是700年。这就清楚地表明这个湖的养分和污染物积累很多，也说明其水质量较差。停留时间越长，这样的物质在湖泊中待的时间就越长，而不是被流水冲出去。

水化学

关于水化学如pH值、可溶固体、可溶性氧气等的一般讨论，请看第一章。

温度、密度、分层以及混合

在夏季，在较深的热带湖泊和温带湖泊中，湖的表面形成暖水层，湖的底层形成冷水层，在两层中间有中温层。这一现象被称为分层，它对湖泊生态有很重要的意义。通常这是由于暖水层和冷水层之间密度差异造成的。水密度（单位水体积的质量）在温度达到39℉（约3.9℃）时最大；高于或低于这个温度，密度会小一些。在温度达到32℉（约0℃）时，水就会结冰。冰块会流动，因为它比冷水密度低。当温度上升到39.2℉（约4℃）时，密度又下降了，暖水就会在冷水上"漂流"。

在分层湖泊中，温度并不会以恒定的速度随着深度的加深而下降。在气候温和地区的夏季，湖水中有一个特别的深度会突然变凉。这个相对较薄的水层被称为温跃层。温跃层处于中温密度，在其之上是温暖的表水层，之下是凉爽的下层滞水层（见图4.1）。

在下层滞水层中，光合作用产生氧气的速度很低或接近零，但不断有从上层落下来的有机残渣定居于此：如死鱼和其他生物、死的动植物、树叶碎片、花粉，以及所有大小生物的粪便等。氧气被耗尽，却不能及时补充。细菌进行的分解可以继续，因为它在缺氧条件下，也可积极地代谢有机物（厌氧菌）。

湖泊的分层不仅影响氧含量，也影响养分含量。在表水层中，水藻

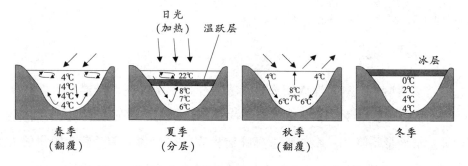

图4.1　双融温湖泊中的热分层和混合　（杰夫·迪克逊提供）

吸收可获得的养分。这些养分当水藻死亡或下沉时被从表水层除掉，或被浮游动物吃掉（它的粪便也会下沉）。这样，下层滞水层尽管缺氧，营养却很丰富；而在表水层，生物繁殖由于缺少养分受到限制，因此湖水的混合不仅对向湖泊底层输送氧气，而且对湖泊表层（有充足的阳光供生物繁殖）养分的恢复都是非常关键的。

在温带，湖泊是典型的双融温，即湖泊从表层到底层每年混合两次。在冬季，湖底水温大约是39℉（约3.9℃），这层水以上的温度更冷，密度更低，因此湖泊分层弱。在春天，冰雪融化，水表层变暖，水层之间的温度差异变小。此时，即使是微风，也能使它们混合、"翻覆"。夏天，分层更明显，水表层是暖水，湖下层是冷水，两层截然不同，湖下层缺氧状况加剧。秋天，水表层变凉，密度更高，随着冬季的来临，水表层的温度更接近湖下层的水温。这时，不同水层就可以从上到下自由地再次混合。

在四季鲜明的温带，这种湖泊很普遍。在热带湖泊中，混合也许是通过风季的蒸发冷却进行的。近年来气候改变和风季变弱已经导致了坦噶尼喀湖混合质量下降。而这个湖泊生产力的急剧降低应归咎于长期的分层状态。较深的热带湖泊根本不混合。温度每上升1℃的密度差异不是恒定的。热带湖泊水表层和湖底层温度只相差3.6℉（约2℃）。事实上，有许多混合形式。但它取决于当地气候的变化、地貌，以及湖泊的大小和深度。

太阳光

在湖泊中，有足够太阳光进行光合作用的地带叫作富养带，即指从湖面到只有湖面1%光线的地带。这时光合作用和呼吸所需的光大体相等。富养带是唯一一个植物包括浮游植物可生存的地带。俄勒冈州的火山湖是一个超贫养湖，其透光层延伸至大约400英尺（约122米）；在富养湖，因为有大量的浮游植物，光线随着深度的加深很快就消失了，透光层也许不超过2英尺（约0.6米）。请阅读第一章有关淡水光线的部分。

潮汐和湖面波动

海洋潮汐是一个人们熟悉的现象。因为月亮和太阳引力的影响，这样的天体潮汐可能是极其巨大的。而在湖泊中，天体潮汐的作用很小，只能以一英寸的几分之一来测量。在湖泊中，更重要的是由风和大气压力所带来的像潮汐一样的湖水运动。湖面上与天气系统有关的大气压力的差异能够向下推动（或向上拉动）湖面一端，使其上上下下，来来回回地运动，就是所谓的湖面波动。风也可以引起湖面波动，它通过水面的摩擦力推动水向前运动，引起波浪或像潮汐一样的大浪（见图4.2）。湖面波动可在分层湖泊的边缘造成涡流并引起混合。

湖泊中的生物带

湖泊中影响不同生物存在与消亡的因素差异很大，它们是温度、阳光、氧气和食物来源。根据这些和其他因素，形成三种不同生物带。这些生物带供养湖泊中种类不同但内部有联系的生物群落。

底栖带处于湖底。生活于湖底的生物被称为底栖生物。岸边的浅水

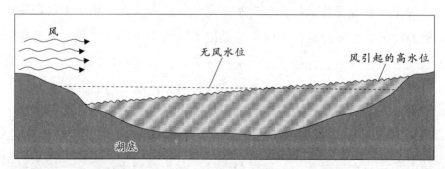

图4.2 湖面因风开始波动；当风停止，水溅回到湖泊的另一岸，然后又慢慢返回，波浪渐小 （杰夫·迪克逊提供）

生物带通常被包含在湖滨带中。在湖滨带之下，底栖动物主要是极其微小的食腐动物（细菌、真菌）、食碎屑动物（例如，昆虫幼虫）及滤食动物（取决于是否有足够的阳光供幼虫生长）。在更深的水域中，生物群完全由食腐动物和食碎屑动物以及以其为食的较大动物组成。底栖带的底层是不一样的。任何情况下，基层沙土中都会含有各种各样的矿物质。在一些湖泊中，这一层有机物含量很高，而其他层却没有。这是因为生物扰动作用、混合以及物理扰动所形成的。物理扰动是鱼类觅食及虫类、软体动物和其他生物的运动所引起的湖面波动。

湖滨带是靠近岸边的地带，有时被定义为低水位和高水位之间的地带（它与海洋环境中的高潮线和低潮线之间的地带相对应），有时也被定义为露出水面植物（这些植物根在湖底，叶和花延伸，露出水面）可生存的地带，有些资料还将其定义为有足够阳光穿过、能供养水下水生植被生长的地带。但是在浅水湖中，这个定义失去了岸边这个基本因素。

阳光充足是湖滨带一个很重要的特点。因为根据定义，它是浅水栖息地。这里氧气也很充足。这不仅仅因为光合作用，还因为涡流和靠近湖面的水的混合。湖滨带根据基层的构成分成两个类型：岩石湖岸和遮蔽的湖岸。第二种是以泥沙淤积和露出水面的大型植物为特点的。

远洋带是开放水域带。它离湖边非常远，甚至根本不受湖泊的影响。远洋带相对来说没什么特点，有水、空气、风和太阳。湖水上层即使在分层的情况下也有充足的氧气。这是因为大气层氧气的扩散、光合作用和湖水的混合。在远洋带，生物种类繁多：从浮游生物和浮游动物，到小甲壳虫类的水蚤（枝角目水蚤属成员）和大脊椎动物如鱼和海鸟等。

深湖底带也称为深底带。它处于深湖中，不受阳光的影响，也不会有涡流和混合。但又在底层之上，是黑暗、安静、静止的环境。在深水环境中，这一水域被认为是远洋带部分，并根据湖水深度和光线穿透度来分层。

湖泊生物群落

一般来说，栖息于湖泊中的动植物种类类似于那些生活在河流和湿地的生物，有水生植物、无脊椎动物、浮游植物和浮游动物、鱼类、水鸟和涉禽类（见第一章）等。

我们很难把某一种生物专门划归为"湖泊生物"，因为有太多重叠部分，还因为湖泊种类太多。热带湖泊和极地湖泊不会有很多生物种类（尽管候鸟在不同的季节会在这两种湖上出现），然而，不同生物的聚集还是会出现在这种湖泊的不同部分。

底栖带远离岸边的涡流，上面覆盖着富含有机碎屑的沉积层。这种泥土层为食碎屑动物（幽蚊幼虫、线虫类和其他虫类、软体动物如蜗牛和双壳类）提供了栖息地和食物来源。因为底栖带，尤其是深水湖氧含量低，所以栖息于此的生物已经适应了这种缺氧的条件。湖底鱼类如鲑鱼、鲶鱼主要凭借味觉和感觉而不是靠视觉觅食，因为湖底光线很暗。在底栖带，大型植物由于缺少阳光很难觅其踪影。

在滨湖带，基层或是泥沙或是更粗糙的物质，例如砾石和鹅卵石（拳头大小的石头）。滨湖带除了有波浪之外，还可能有各种大型植物。这个地带和底栖带的泥沙层相比为水生动物提供了更复杂的栖息地，并且有种类繁多的栖息者。在浅滨湖带，除了有露出水面的植物芦苇和香蒲之外，还有枝叶漂浮水面的睡莲和水池草。因为它们的根植于底层的泥土中，而那里又缺少氧气。所以这些植物就拥有了一种特殊结构，能把空气从枝叶传送到根部。离湖滨稍远的地方，在较深水域，我们还可以发现完全处于水中的植物，如浣熊尾草、西洋草以及伊乐草。

滨湖带的大型植物区常常是小鱼和其他小动物的生养地（庇护所），为它们提供保护，以使其免受食肉动物的侵害。滨湖带寄居着大量的各种昆虫幼虫，例如，蜻蜓、蜉蝣、石蝇、水蛾以及幽蚊幼虫。有些昆虫成年期也在滨湖带度过，其中包括划蝽、水蟑螂和潜水甲虫。栖息于滨湖带的还有鱼类，它们以那里丰富的无脊椎动物为生。与底栖带和远洋带相比，滨湖带鱼类密度高得多。有些鱼（如食肉的梭鱼）就生活在滨湖带；其他鱼在那里产卵，在大型植物中度过生命的早期。两栖动物和爬行动物，尤其是乌龟也可在滨湖带找到其踪影。丰富的无脊椎动物、鱼类和两栖动物吸引了许多大型食肉动物，包括许多涉禽，如全世界的湖泊上都可发现的绿鹭。虽然远洋带没有华丽的外表，但它供养了种类不同的食物网，尤其在透光层。在富养湖，浮游植物种类繁多，数量巨大，包括硅藻属、蓝细菌、沟边藻类以及水藻等。食草动物以浮游植物为食，然后被食肉动物（水蚤和桡足类，都是甲壳纲动物）吃掉。其中最大的也不超过0.5英寸（大约1厘米）长，绝大多数更小。

这些浮游动物进而被一些小鱼吃掉。有些鱼，如鲑鱼科一生都以蜉蝣为食；其他远洋带鱼类幼小的时候也是这样，但长大后就转向更大的猎物。典型的远洋带鱼类包括鲑鱼科的鱼（鲑鱼和鳟鱼）和鲱科的鱼（鲱鱼、沙丁鱼）。远洋带上层较大的鱼以鹏鹏、鹗燕鸥和其他鸟类为食。

盐湖与生物

尽管本书的主题是淡水生物群落，但在此讨论盐湖也很恰当。因为尽管它们不是淡水，但也不属于海洋生态群落。盐湖是水生环境中不易归类且独一无二的类型。然而，全世界湖水的总体积中，一半是淡水，一半是咸水。世界上最大的湖泊——里海是盐湖。世界上最高的湖泊[纳木错湖位于海拔1.6万英尺（约5000米）的西藏高原]和世界上最低的湖泊——死海，在海平面以下1312英尺（约400米），都是盐湖。

盐湖（见表4.3）通常被定义为含盐（氯离子、钠离子、镁离子、硫

表4.3 世界上最大盐湖

湖泊	国家	面积(平方千米)	面积(平方英里)	体积[立方英里(立方千米)]	平均深度[英尺(米)]	最大深度[英尺(米)]
里海	俄罗斯联邦等	386400	149200	18713(约78000)	614(约187)	3363(约1025)
咸海	哈萨克斯坦和乌兹别克斯坦	1960年以前为68000，2004年为17160	1960年以前为26300，在2004年为6625	255(约1064)	52(约16)最初	226(约69)最初
巴尔喀什湖	哈萨克斯坦	15500-19000	6000-7300	29(约122)	20(约6)	89(约27)
艾尔湖	澳大利亚	9300	3700	6(约23)	10(约3)	20(约6)
伊塞克湖	吉尔吉斯斯坦	6280	2425	417(约1740)	902(约275)	2303(约702)
奥卢米耶湖	伊朗	5200-6000	2000-2300	6(约25)	16(约5)	52(约16)
青海湖	中国青海省	6000	2300	20(约85)	57(约17.5)	121(约37)
大盐湖	美国犹他州	2460-6200	950-2400	5(约19)	13(约4)	36(约11)
范湖	土耳其	3700	1434	46(约191)	174(约53)	1804(约550)
死海	以色列和约旦	1020	394	33(约136)	476(约145)	1312(约400)

(作者提供)

离子、钙离子以及钾离子）量高于淡水的湖泊。盐湖有时也被定义为盐浓度高于3（使用食用盐标测量）的湖泊。根据这个标准，海水是35，相当于含有3.5％的盐。但许多盐湖比海水含盐量还高。例如，犹他州的大盐湖，盐浓度在110到330之间波动。吉布提的阿萨尔湖（东非）是盐浓度最高的湖泊，平均浓度为350（死海有时最大值能达到这个水平）。

盐湖有一些与淡水湖类似的物理特性，也有一些不同于它们的特性。例如，淡水湖展示了一系列混合机制——有些是单融温，有些是多融温；有些分层，有些不分层。这一切都取决于湖泊的大小、形状以及当地的气候条件等。许多盐湖相对较浅，浅水湖往往不分层。

在分层盐湖中，盐跃层常常出现。盐跃层就是在垂直方向盐浓度出现急剧变化的水层。通常这个水层和温跃层深度一样。一些较大的湖泊进行局部混合（深层水从不混合），下层滞水层盐浓度很高，氧含量很低。在不分层盐湖中，有时也会出现盐跃层。

盐湖不易结冰（盐水冰点比淡水低）。它们往往呈碱性，有时pH值很高。初级生产很少受养分的限制，因为养分水平很高。湖水中有各种金属，有时会达到使有些生物致命的浓度。

高盐湖对几乎每一种生物来说都是很难生存的环境。一般来说，适应了淡水生活环境的细胞生物的盐浓度比周围水域要高，这就使它们能保持细胞膨胀压力，不会使植物凋谢。淡水生物面临着保持内部高盐浓度的问题，因为渗透作用往往会使半渗透膜（如细胞壁）内外盐浓度均等。实际上，这个问题就是防止水漫，因为盐浓度高就会吸引水渗透入细胞内。

另外，生活在高盐环境中的生物会遇到相反的问题：失去水分——变干燥。这是水生环境中具有讽刺意味的命运。如果湖泊盐浓度比细胞内部高的话，这样的事情就会发生。嗜盐菌通过以下两种方式适应了盐浓度高的水域，这两种方式都与降低细胞内外渗透差异有关。换言之，它们提高细胞内部可溶物质的浓度以达到与外部浓度接近。相对较小的细菌使用的方式是利用钾离子。另一个方式是提高某些可溶有机物的浓度。使用任何一种策略都会消耗生物的能量，而生物所获得的益处就是可以完全生活在高盐环境中。在此几乎没有资源竞争，对于较大的生物，如甲虫壳纲动物，几乎没有来自鱼类的掠夺行为，尽管鸟类的掠夺行为时常发生。

植物在细胞方面也出现了类似的适应过程，但还有其他的适应方法，包括阻止盐进入内部器官。在动物身上，除了上述的细胞适应之外，还有器官系统负责收集并排泄盐。那些通过排泄使自身保持内部渗透浓度的生物被称为渗透顺应动物，而那些通过提高自身渗透浓度与外部渗透环境相吻合的生物被称为渗透压调节动物。

许多盐湖都是短暂的。它们湿季出现，干季干涸。或者如果不是短暂的，那么一年之内，其大小、体积也会有很大变化。盐湖都是内陆湖，也就是说它们没有出口。水流入湖中，但只能靠蒸发再出去。当水蒸发后，盐就留下了。经过很长时间后，盐就聚集在湖内。有些盐湖，例如犹他州的大盐湖，以前就曾经是一个很大的湖。随着气候的改变，它缓慢蒸发，变成了今天这个样子。在某些情况下，湖泊收缩变成高盐小湖，这是人类有意无意影响的结果。亚洲的咸海和加拿大的莫诺湖就是这样的例子。来自湖泊支流的水被改道，莫诺湖就是用来为洛杉矶地区供水的。咸海则是为苏联时期的农业灌溉提供水。

盐湖的高盐并不是生物所面临的唯一的或者说最大的问题。湖水体积频繁地大面积地波动使其含盐量也经常在大范围内变化。因此，生活在其中的生物必须能够适应盐浓度的改变，有时甚至超过数量级。正如记载的那样，有些盐湖每年都干涸，所以这些生物必须在盐浓度升高，湖水完全干涸的情况下还能生存下来。鱼在这种条件下是不能生存的，尽管在不那么极端的条件下，肺鱼呼吸空气可能幸存下来，即把身体埋入泥土进行夏眠（就像冬眠一样，只是季节不一样）。较小的生物适应了高盐和盐度不断变化的极端环境。它们运用包裹的策略，也就是在卵子形成时期将其（通常但不总是）包裹起来。

随着盐浓度升高，氧容量一般会下降，低氧是盐湖的现实。另外一个影响氧容量的因素是温度。有盐湖的干旱地区，干季也是热季。气温越高，氧容量就越低。这与盐浓度没有关系。

在盐浓度极高的湖泊（如死海），只有几种生物能幸存下来。一般来说，湖泊盐浓度越高，生物种类就越少，食物网就越简单。

盐湖因为不同化学物质的相关比例而有很大差异。有些离子，如硫使生物的生存环境变得更加艰难。在这种环境下，只有嗜盐的、通常极其小的生物才能存活下来。

哪一种细菌、浮游植物或浮游生物能在湖泊中占主导地位取决于特定的湖泊条件，尤其是不同盐类的相关比例。在盐浓度变化的湖泊中，微生物今年很丰富，但下一年可能就很少了。在盐浓度和硫化物浓度很高的湖泊中，我们可以找到绿色硫细菌。在死海，当盐浓度降低的年份，我们可以看到高浓度的绿藻和古细菌。事实上，这两种生物在每个盐水湖中都能发现。古细菌负责红色或粉色的染色，这可以在盐湖"茂盛"且条件最佳时看到。

尽管有些种类的浮游动物对盐浓度有较强的适应能力，但大多数浮游动物对盐浓度还是很敏感的。当莫诺湖盐浓度为60~70ppt时，轮虫生活得很好。但当盐浓度超过80ppt时，轮虫就看不到了。澳大利亚的艾尔湖盐浓度在一年内从25ppt上升到273ppt（1985年），它是轮虫、甲虫、枝角类和桡足类几种生物的栖息地。

在盐湖中，微生物种类随盐浓度上升而减少。这一规律同样也适用于大型植物。西米水池草、野鸭草和螺旋沟草是能够适应高浓度盐（盐浓度高于50ppt或5%）的几种植物。只有几种露出水面的植物偶尔会出现在盐湖或高盐湖，例如，全世界到处都有的芦苇、沙漠的盐草、努塔的碱草、制椅草及海边的箭草等。

盐湖虾是盐湖食物网中重要的一员，是几种能在高盐环境中生存的微无脊椎动物中的一种。世界上每一个盐湖中都能看到盐湖虾，而且数量很大，吸引了成群的水鸟。图4.3说明盐湖对虾对犹他州大盐湖的底栖带和远洋带食物网有很重要的作用。在一些盐湖中，还有其他更大的甲壳纲动物。在澳大利亚艾尔湖栖息的动物包括淡水鳌虾和对虾。

尽管种类相对较少，盐湖却常常是大量昆虫的聚集地。在莫诺湖，碱蝇非常多。有些蠓嗜盐性好，可生存在盐湖中，而且有时数量还很

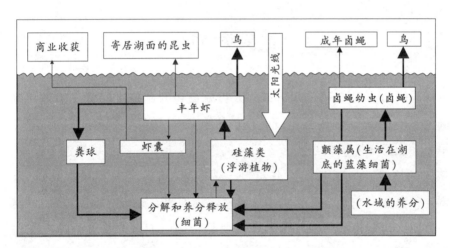

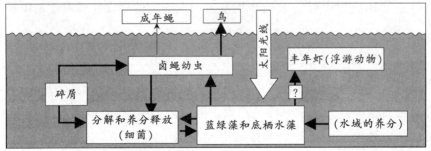

图 4.3　犹他州大盐湖营养示意图：（上图）浮游生物（即远洋带）栖息地，（下图）底栖生物栖息地　（杰夫·迪克逊提供）

多。还有几种豆娘和蜻蜓也是嗜盐的。甚至高盐湖中也有鱼类。在那里，它们在"庇护所"生存（即条件更适合它们的地方），例如，淡水支流或泉水的入海口。艾尔湖有沙漠虾虎鱼、戴尔豪西硬头鱼、西方食蚊鱼以及鲶鱼。有些罗非鱼也生活在浓度适中的盐湖里。虽然盐湖生物种类相对较少，但是能幸存下来的往往数量很大，有时是季节性的。大量的浮游动物、盐湖虾和昆虫幼虫使这样的湖泊变成了水鸟（留鸟和候鸟）愿意光顾的地方。非洲盐湖有时可供养几百万只火烈鸟和其他涉禽。在加拿大的莫诺湖上，每年秋季迁徙的时候就会有150万只䴙䴘，还有大约100种其他鸟类。

人 造 湖

自从有人类文明记载以来，人类就已经开始修坝储水，治理河流。确实，有些人一直认为建设大型的水利设施（水坝、运河以及灌溉沟渠）和人类文明的发展是密不可分的。世界上第一座水坝修建于近五千年前的埃及，其最顶端有46英尺（约14米）高，371英尺（约113米）宽。很显然，它是一座拦洪坝。这座水坝似乎在建成之前就被洪水毁掉了，所以也就没有形成任何水体。罗马帝国时期，水坝建设速度加快。但是直到20世纪中叶，大型水坝及大型人造湖的建设才爆发性地增长起来。21世纪初，全世界至少有4.5万座大型水坝，世界上一半的河流，至少都有一座水坝。近十年工业国家修建水坝的速度缓慢下来，主要有两个原因：一个原因是环保运动增强了人们对建筑水坝而产生的环境和社会消耗的意识，另一个原因是绝大多数适合修筑水坝的地方已经修建了水坝。发展中国家修坝的速度已经加快,中国完成了一个里程碑似的项目——世界上最大的水坝——长江三峡大坝。

水坝并不是人造湖形成的唯一方式（例如，废弃的采石场注入水也

能形成湖泊），但到目前为止，它却是最重要的。所以，这里我们重点
讨论修建水坝而形成的人工湖。天然湖泊与水库积滞水在三个方面截然
不同。

第一，水域对天然湖的影响比人工湖大，因为天然湖的水域更宽
广。例如，科罗拉多河水坝形成的鲍威尔湖，在10.28万平方英里（约
26.62万平方千米）的水域中，湖水容量最大仅为6.5立方英里（约27立方
千米）。而北美的苏必利尔湖水域为4.93万平方英里（约12.77万平方千
米），湖水容量却是2735立方英里（约1.14万立方千米）。水域与湖泊水
容量之比是鲍威尔湖的1000倍。

河水从水域带来的不仅仅是水。水域越广，带来的沉积物、有机
物、养分以及污染物就越多。尽管河水快速流经人工湖，但是这些物质
却命运不同。这些物质中最明显、最令水坝管理者头痛的是沉积物。沉
积物的成分有土、淤泥、沙土、砾石、鹅卵石和巨石。它由河水携带，
随流水流动。当流水遇到水库中的回水之后，这种流动的能量就消失
了，沉积物就下沉到水底。三角洲可能会在支流进入水库的地方形成。
如果有足够的时间，沉积物就会进入水库，削弱水库的功能。

有机物也和沉积物一起留下来。在分层的水库中，这种有机物在分
解时会有助于改善下层滞水层的低氧条件。许多用于水力发电的水库释
放深层水，在很多情况下，释放低氧水会给下游河流带来环境损害。然
而，并不是所有的水库都分层，较浅的水库和停留时间很短的水库不太
可能发生分层的情况。

水库中有机物的厌氧分解也是一个人们关注的问题，因为它可能是
大气层中沼气的重要来源。沼气是一种很强的温室气体，其浓度不断上
升，加速了全球气候的改变。在热带，沼气释放是人们非常关注的问
题。在那里，当水库水满时，大面积热带森林被淹没。在温暖的热带水
域，厌氧分解加快，释放出大量沼气。

水库条件会影响养分的可获性和生物化学的转化。这对于下游地区和水库生态系统都是一个很大的问题。水库生物活动会使不同养分在水库中的停留时间不同。例如，如果一个水库选择性地留住某种养分，而允许其他养分流走，那么下游地区的生态影响就会显现。最近的研究表明，多瑙河（里海的一条支流）上的铁门水库就产生了一系列的后果。这个水库是硅石聚集地，因而河流下游的硅石浓度下降很多。而这种下降应归咎于远离硅藻属（需要大量的硅石）靠近蓝绿藻的浮游植物构成的改变。据报道，这种改变损害了里海的渔业。

第二，人工湖水的停留时间比天然湖短很多。这意味着人工湖水的吞吐量更大。每个水域体积的差异使得这种不同并不令人吃惊。陆地上的水流入人工湖比流入天然湖的要多，因此其吞吐量也更大。水库毕竟是水坝围起来的河流，鲍威尔湖水的平均停留时间是7.2年，而苏必利尔湖接近200年。美国境内大型水库的平均停留时间是100多天。

第三，水库不仅受自然现象的影响（干旱、春寒），也受人类的掌控，更不要说人类对湖泊资源的广泛控制，如渔业。人们建水坝有各种各样的目的：水力发电、控制湖水、储水灌溉及城市用水等。水库的运作直接影响水库的环境。运作方式不同，取决于修水坝的目的。

水坝控制洪水的能力取决于洪水来临时水坝是否有足够的储存力。控制这样的水坝可导致一年内湖泊深度急剧变化。用于水力发电的水坝，水深不会急剧变化，但会经常改变，湖面会上下波动。这种水坝一般提供峰值功率以满足每天电力高峰的需求。每天的某一段时间内释放大量的水，其余时间释放少量的水。这期间水库回到释放之前的水平。这种升与降有时每周都会发生，波动幅度可能每天有几米或更大，这取决于水库的规模和发电能力。这种波动使得滨湖带的生物很难生存，也会导致河岸侵蚀。

水库沉积物、养分以及有机物负荷比天然湖快。这种快速负载加上不稳定的生物群和食物网已经带来了一些环境问题。在下层滞水层，沉积物不断累积，低氧条件恶化。与此同时，沼气（低氧之下分解的副作用）产生了。一些热带湖泊的厌氧分解的另一个副作用是下层滞水层产生氰化硫。然后，当水压减轻时，这种有毒的易燃气体就释放到水坝放水渠。产生氢化硫的化学转化也会使下层滞水层的水酸化，从而损害水库中的涡轮机。

有些水库因为浮游植物的大量繁殖而变成富养湖。因为不稳定生物群和足够养分，有一些较新的水库容易受水生有害植物如风信花的影响。厚厚的植物覆盖着非洲和其他地方的湖面，挡住阳光，对水库渔业和水上娱乐造成极大危害。水坝及水库对下游河段也有重要影响。

下面，我们将详细讨论三个天然湖。这三个天然湖分别代表低纬、中纬和高纬地区的湖泊，还代表各种自然条件。

北方原始深水贫养湖：贝加尔湖

贝加尔湖及其水域特征

贝加尔湖是世界上最深的湖泊，5370英尺（约1637米）深；是世界上最古老的淡水湖泊，大约有2500万年的历史；也是体积最大的湖泊，湖水容量是5662立方英里（约2.36万立方千米），是全世界未冰冻总水量的20%。这个裂谷湖又长又窄，近400英里（约644千米）长，17~50英里（约27~80千米）宽。其海拔高度为1496英尺（约456米），平均深度是2499英尺（约762米），但是不同的地段深度不一样。湖面面积是12200平方英里（约31600平方千米），湖滨线接近1300英里（约2100千米）。

贝加尔湖由分水岭分成三个深水区。最深处是5250英尺（约1600米），处于中间。尽管最大深度接近一英里就会给人留下很深印象，但是这

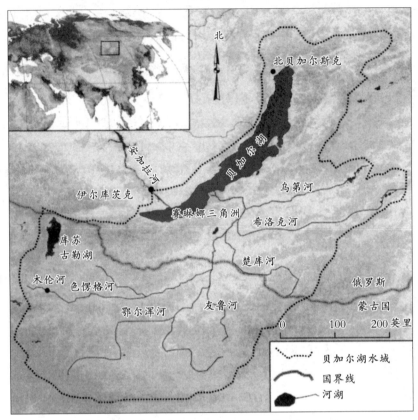

图 4.4　贝加尔湖及其水域　（伯纳德·库恩尼克提供）

个湖泊已经聚集了数百万年的沉积物，因此，人们认为它的深度可达5英里（约8000米）。

　　贝加尔湖地处俄罗斯西伯利亚，靠近蒙古国边境，部分水域处于蒙古国境内（见图4.4）。贝加尔湖水域面积为22.78万平方英里（约59万平方千米），比美国的加利福尼亚州还大，横跨俄罗斯的西伯利亚和蒙古国部分地区。它以变质岩和火石岩为基础，因此在这个湖泊及支流中可溶物含量较低。这个水域绝大部分覆盖着北方森林和西伯利亚大草原。贝加尔湖有常年不断的300多条支流。其中最大的是萨伦格河——贝加尔湖50%的湖水的来源。它从湖的东岸进入，并形成了一个巨大的三角洲，约20英里（约32千米）宽，面积大约100平方英里（约258平方千米）。巴尔古津河、上安加拉河以及博利沙亚河等都是贝加尔湖的主要支流。安加拉河是整个湖泊的唯一出口，从湖泊西端向北流，平均排泄量为6.7万立方英尺/秒（约1902立方米/秒）。安加拉河是流入北冰洋的叶尼塞河支流。

贝加尔湖是一座贫养湖，水质极其清澈，营养成分含量较低。其远洋带的塞奇深度，在6月浮游植物茂盛的时候也会达到131英尺（约40米）。浮游植物因为营养成分含量低而相对较少，悬浮物也极少。有些地方水质不那么清澈，是因为一些支流流经泥沼泽地带，带来了一些可溶有机物。但支流和贝加尔湖自身总的可溶物含量很低（主要支流81~134毫克/升，贝加尔湖100~120毫克/升）。

尽管许多深水湖，尤其是热带的深水湖有分层现象，从而导致下层滞水层缺氧，但是贝加尔湖的自然条件从上到下却变化不大。氧含量即使在深湖区也很高（9毫克/升）。因此，湖底动物群发育良好，有许多当地特有的物种。可溶矿物质含量随深度加深也很单一，营养成分却表现出多样性。总之，贝加尔湖北半部更加贫养，南半部不那么贫养（尽管几乎不能称为富养）。

贝加尔湖气候寒冷。绝大部分湖水几乎不能超过39℉（约4℃）；在湖底，温度接近37℉（大约3℃）。但是在相对较浅的水域（800~1000英尺或约240~300米）和湖边浅水湾，也有例外情况。在夏末的湖面，水温可以达到57℉~64℉（约14℃~18℃），因此带有明显温跃层的分层现象出现了。到800~1000英尺（约240~300米）深度时，温度变成37℉~39℉（约3℃~4℃），这个温度一直保持到湖底。这个湖泊冬季也分层，冰冻的湖面温度最低，冰层下暖和一些。一年有两段时间——6月和9月，远洋带的恒温从湖面一直达到800~1000英尺（约240~300米）的地方，因此能产生定期的混合。在这个深度之下，水温稳定，混合有限。

湖泊生态系统

科学家们几十年以来一直对贝加尔湖保持着浓厚的兴趣，因为其生物种类丰富，特有的种类比例很高。这个湖泊中有2565种已知动物，其中三分之一是微无脊椎动物，80%是贝加尔湖独有的。还有大约1000种植物。其中，三分之一是特有的。贝加尔湖与世隔绝以及其长久的历史为某些动植物群的物种形成提供了平台。

植物　在贝加尔湖，光合作用可以一直达到500多英尺（大约150米）的深度，这就是说大面积的水域可以进行光合作用。这个湖泊有很强的自造营养的能力。每年输入湖泊的有机物，90%来自浮游植物的光合活动。大约300种及亚种水藻属于8个门、56个科及111个属。绿藻种类繁多，有112个品种，然后是蓝细菌（蓝绿藻）、硅藻属和金藻类。湖滨带是许多湖底水藻的栖息地，但是这一带没有大型植物。

贝加尔湖浮游植物产量每年达到392.5万吨。每年冬末春初湖面还结冰时，贝加尔湖大量的每年比例不同的光合生物生产就开始了。人们在对冰下水藻进行研究时发现，直链藻属和多甲藻类在不同的年份都是占最重要地位的。许多水藻都是这个湖泊特有的。

贝加尔湖还有一些深湖热泉区，在它们周围有一些适应高温的生物群。热泉区的照片表明有一层白色丝状的细菌带，还有端足目动物、腹足纲软体动物和一些尚未命名的生物。现在人们还不知道已被观察到的热泉生物群是热泉区所特有的，还是正常湖底生物群的代表聚集在热泉区周围。

无脊椎动物　贝加尔湖的无脊椎动物是根据其广泛的栖息地分类的。底栖带动物栖息于湖底表面和次表面的沉积层，深湖远洋带动物生活在接近湖底的地方以及远洋带。底栖带无脊椎动物构成最大种群，有1000多种。

贝加尔湖最突出的生物形式是淡水海绵。海绵看起来更像植物而不像动物：它们没有中枢神经，并且是固定的（不能移动）。贝加尔湖的海绵很大，高度可达几米。它们几乎覆盖了湖底表面的一半，厚度从6英尺到130英尺（约2~40米）。它们大量地生长，就像湖底森林。绿色源于与海绵共生的虫绿藻。占主导地位的海绵是很多种特有海绵之一。端足目动物甲虫占据着许多这样的海绵。贝加尔湖的海绵是非常有效的滤食动物，以至于有海绵的地方几乎没有微浮游生物。微浮游生物是非常小（直径0.2~2微米）的水藻和蓝细菌。贝加尔湖绝大部分海绵是特有的寻常海绵纲（一个海绵群类，结构主要由海绵硬蛋白、硅或者两者的结合物组成）。

另一类在贝加尔湖大量繁衍的无脊椎动物是节肢动物，尤其是钩虾亚目动物（端足目动物的一种）。淡水端足目动物在北美被称为"飞毛腿"。在贝加尔湖，265个种和81个亚种被划归为51个属，除了一个之外都是贝湖特有的。钩虾亚目动物密度很高，滨湖带每平方英尺基层就有2800只。在贝加尔湖，人们还在寡毛纲动物、幽蚊、介形亚纲动物和软体动物中发现类似的物种变化。

然而，一个单一的节肢动物种在远洋物种中占重要地位，且在食物网中极其重要。尽管只有0.06英寸（约1.5毫米）长，这种侧突水蚤属栖息于从上到下的整个水层中，数量极大。据估计，这个湖的侧突水蚤属每年可过滤120~240立方英里（约500~1000立方千米）的水，这使其成为湖泊中主要的生态工程师，为湖泊的清澈做出了贡献。它是湖中浮游植物最重要的消费者。侧突水蚤属还是贝加尔湖著名鱼类奥木尔鱼（溯河产卵、鲑类）的主要猎物。因此，它是贝加尔湖生物与更高级生物之间的必不可少的环节。

巨型生物在贝加尔湖非常普遍，不仅有许多大型无脊椎动物，就连一些浮游动植物都长得出乎意料地大。贝加尔湖片脚类动物群以巨型为特点，世界上已知最大的片脚类动物就是贝加尔湖特有的。这种巨型的特点是因为贝加尔湖氧含量高形成的。贝加尔湖最大的扁形虫，也称为贝加尔湖扁虫，长16英寸（约40厘米）和其他几种扁虫一起生活在贝加尔湖。贝加尔湖的软体动物也是巨型的。

鱼类　正如其他种类一样，贝加尔湖因拥有特有的、独一无二的鱼类而闻名。贝加尔湖即使在很深的地方，氧含量也很高，这就为庞大的、种类繁多的深湖鱼群的进化提供了条件。58个鱼种和亚鱼种中的52个是贝加尔湖自产的，其余6种是引进的。

鱼分为四类：欧亚种、西伯利亚种、贝加尔湖种（见表4.4）和引进种。自产鱼种实际上分割了栖息地。欧亚种栖息于浅水湾和河流三角洲地带，西伯利亚鱼种栖息于滨湖带和小溪中，特有的鱼种栖息于深滨湖带到深湖底带。表4.5说明了不同科鱼种的分布情况。

贝加尔湖著名的鱼包括贝加尔湖油鱼——类似鲑鱼的迁徙鱼。它对贝加尔湖区域的经济发展起着非常重要的作用。透明的胎生贝湖鱼是贝加尔湖数量最多的脊椎动物之一，并且是贝加尔湖海豹的主要食物来源。

哺乳动物　贝加尔湖最有名的哺乳动物是淡水海豹，它是贝加尔湖唯一特有的哺乳动物。它与贝加尔湖许多巨型生物相反，是最小的海豹之一。成年海豹身长4.3英尺（约1.3米），重量139~154磅（约63~70千克）；雄性比雌性大一些，但差异并不大。

贝加尔湖海豹一生大部分时间都在湖水中度过。在冬季，它们保持呼吸冰孔通畅，但直到春季它们生育时才爬上冰面。雌海豹在雪堆或冰堆上为其幼仔挖掘栖息处，哺育照顾它们的时间比任何其他海豹都长。春末，当冰雪融化时，小海豹就可以自己觅食了。雌性海豹生育之后不久，成年海豹之间的交配就开始了。冰雪融化之后，海豹往往占据滨湖带和湖滨线。

海豹以鱼为生，主要是以其在水下捕获的贝湖油鱼科鱼为食。尽管它们捕捉猎物、摄取食物的时间每次只需10~20分钟，但它们能一次性

表 4.4　贝加尔湖的特有鱼种

鱼种名称	拉丁文学名
深杜父鱼科 （深水鱼）	*Asprocottus herzensteini* Erg *A.intermedius* Taliev *A.platycephalus* Taliev *A.abyssalis* Taliev *A.pulcher* Taliev *A.parmipherus* Taliev *Limnocottus godlewskii* *L.megalops* Gratzianow *L.eurystomus* Taliev *L.griseus* Taliev *L.pallidus* Taliev *L.bergianus* Taliev *Abyssocottus korotneffi* Berg *A.gibbosus* Berg *A.elochini* Taliev *Cottinella boulengeri* Berg *Procottus jeittelesii* Dyb. *P.major* Taliev *P.gurwici* Taliev *Neocottus werestschagini* Talie
鲟科	*Acipenser baeri baicalensis* Nikolsky
贝湖油鱼科	*Comephorus baicalensis* Pallas *C.dybowski* Korotneff
白鲑科	*Coregonus autumnalis migratorius* Georgi *C.lavaretus baicalensis* Dyb. *C.lavaretus pidschian* Gmelin
杜父鱼科	*Cottus kesslerii* Dyb. *Paracottus iknerii* Dyb. *Batrachocottus baicalensis* Dyb. *B.multiradiatus* Berg *B.talievi* Sideleva *B.nikolskii* Berg *Cottoeomephorus grewingkii* Dyb. *C.inennis* Jakowlew *C.alexandrae* Taliev
茴鱼科	*Thymallus arcticus baicalensis* Dyb. *T.areticus brevipinnis* Svetovid

表 4.5　贝加尔湖鱼种数量

科(种数)	特有	自产并不特有	引进	浅水(水湾、三角洲)	深水	深浅水
深杜父鱼科(20)	20			3	16	1
鲟科(1)	1			1		
平鳍鳅科(1)		1		1		
鳅科(1)		1		1		
胎生贝湖鱼科(2)	2				2	
鲑科(5)	3		2	4	3	3
杜父鱼科(9)	9		2	4		1
鲤科(10)		8	2	10		
塘鳢科(1)			1	1		
狗鱼科(1)		1		1		
江鳕科(1)		1		1		
鲈科(1)		1		1		
鲑科(2)		2		2		
鲇科(1)			1			
茴鱼科(2)	2			2		
总量(58)	37	15	6	32	21	5

屏住呼吸一小时。海豹还吃无脊椎动物。人们观察到它们可以潜到水下330英尺（约100米）的地方捕食猎物。

除了著名的海豹外，贝加尔湖水生半水生的哺乳动物是水獭。水獭栖息于支流和滨湖带，以鱼、软体动物和甲壳类动物为生。针叶林带动物群是贝加尔湖北部典型的陆生哺乳动物，有39个种，包括棕熊、狼獾和价值很高的紫貂；在南部地区有7种哺乳动物。

鸟类　贝加尔湖处于两种主要候鸟途径的线路上（赛伦卡鸟和兴安岭鸟）。每年向南迁徙的时候，大约有1000万～1200万只水鸟飞过贝加尔湖地区，包括涉水鸭、潜水鸭、鸽子和天鹅。它们首先在3月末飞到这个地区，春季迁徙一直持续到5月。候鸟包括绿头鸭、水鸭、北部针尾鸭、欧亚赤颈鸭和白颊鸭。还有一些稀有鸟种，如小天鹅也经过此地。

问题与前景

贝加尔湖被认为是迄今为止世界上最原始的（未受损的）大型湖泊。其相对原始的状态并不令人吃惊，因为它所处位置偏僻，人口密度低以及流域内土地利用强度低。然而，随着对贝加尔湖及其生物群的研究，以及人类活动对其影响的加剧，人们对贝加尔湖的观念已经开始改变。

这个水域周围的土地利用率很低，主要包括伐木和放牧。矿产和能源的开发变得很重要。人口平均密度很低，但是在南岸地区人口密度较高。一个大型造纸厂——贝加尔湖造纸厂坐落于南岸，是这座湖唯一的大型工业设施。

苏联时期，在贝加尔湖下游的安加拉河上修建了一系列用于水力发电的水坝和水库，其中最重要的是伊尔库茨克水库。它的建成使它的回水再转回到贝加尔湖。这个水库水位上升的最大值很高，以至于这个项目的管理者实际上把贝加尔湖当成了备用储水池。然而，因为水库的规模，伊尔库茨克项目并没有引起贝加尔湖湖水深度的频繁波动。但是，在50年间，湖水表面已经升高3英尺（约1米）。完全或部分因湖水升高所造成的环境损害包括湖滨侵蚀和渔业衰退。

总的来说，贝加尔湖水的质量北岸比南岸好。南岸要接受一些造纸厂的污染物以及来自萨伦格河非点源的污染。

很显然，污染对湖泊生物网有不良影响。随着动物健康状况变差，死亡率上升，海豹的数量也快速下降。对海豹的上一次官方统计是1994年进行的，那时有10.4万只。6年后，科学考察估计海豹只有8.5万只，死亡率上升3倍。2001年，一个环保组织——绿色和平对海豹的数量做了调查，估计仅剩下6.5万只。根据所有的统计，海豹数量快速下降，并有疾病传播。食物网中包括二噁英在内的有机氯化物的浓缩与放大被怀疑是这种情况的肇事者。

海豹数量下降的另外一个因数是捕猎。海豹幼崽因皮毛价值高而被捕猎，成年豹因为消遣娱乐而被捕杀。法律条文禁止捕猎海豹，但是非法捕猎的比率还是很高，因为这一地区没有严格执法。

鱼类和其他生物的健康状况已经恶化。在工业排放污染的部分湖区，人们已经观察到一些商业价值很高的湖鱼发生了变异。包括二氯二苯二氯乙烷和氯化联苯在内的有机氯化物的浓缩与放大正在湖泊食物网的各类生物中进行。尽管有些令人担心，但是贝加尔湖银鸥体内有害物质的浓度还是比高度污染的安大略湖银鸥低一些。人们认为候鸟身上的杀虫剂来自于南亚农业和灭蚊时喷洒的农药，而不是来自于贝加尔湖水或食物网。然而，即使是贝加尔湖留鸟体内也携带了相当多的污染物。

贝加尔湖及其支流的污染物导致一些鱼类包括奥木尔鱼数量下降。在过去50年中，人们观察到浮游生物群已经改变，贝加尔湖特有的物种减少，并且正在被更广泛的（世界性的）耐污染的物种取代。2006年，俄罗斯政府决定修建一条穿越贝加尔湖水域的石油管线。这一决定引起争议。政府还在计划修建一些基础设施，开发此水域偏僻的靠近蒙古国的地段，为中国资助的矿业和能源开发做准备。最终，这样的开发可能导致贝加尔湖原始状态不复存在。未开发的自然资源需求量极大。随着世界经济的发展，贝加尔湖及其区域的丰富资源具有很大的诱惑力。

国际上越来越关注贝加尔湖的环境保护问题。拉姆沙尔公约指定色楞格三角洲为具有国际性重要意义的湿地，贝加尔湖被列入联合国教科文组织世界遗产目录。这种称号使全球都关注贝加尔湖的重要性，并为那些正在保护它的人们提供帮助。也许部分是因为联合国资助的研究与宣传，几个美国和国际性的环境组织已经发起了改变贝加尔湖现状的活动。人们还在观察政治决断和行政资源是否能够在这个区域联合起来，采取必要的措施降低污染，保护贝加尔湖及其生物的多样性。

受人类活动影响严重的富养湖：维多利亚湖

维多利亚湖是同坦噶尼喀湖和马拉维湖齐名的东非大湖之一。维多利亚湖与其他两湖毗邻，但与众不同。坦噶尼喀湖和马拉维湖像贝加尔湖一样都是裂谷湖，并且正如贝加尔湖一样，它们也是又长、又深、又窄的湖泊。相反，维多利亚湖相对较浅，并且基本呈长方形，而不是圆形（见图4.5）。与其他湖泊相比，其历史较短，大约80万年，尽管人们对于

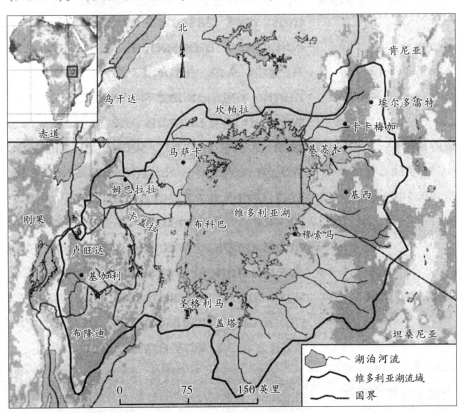

图 4.5 维多利亚湖及其流域 （伯纳德·库恩尼克提供）

它持续不断存在这么长时间还有质疑，因为有证据表明其曾经在1.2万~1.5万年前彻底干涸。

维多利亚湖是一个有神话般生产力的湖泊，为数以百万计的人们提供鱼类。但它也是变化很快的湖泊，其未来还不确定。

湖泊及水域的特证

维多利亚湖是非洲最大、世界第二大的湖泊（根据表面面积），只有北美苏必利尔湖面积比它大。然而相对来说，它是一座浅水湖，并且其水域与其规模相比较小。这座湖泊由三个国家掌控：坦桑尼亚（49%）、乌干达（45%）和肯尼亚（6%）。这种分割的管辖权对管理来说是一种挑战。

这个湖泊历史相对较短。尽管其历史长短一直引起很大争议，但许多人还是把它列为世界古湖之一。但是如果古湖的标准是持续不断存在10万年以上，那么维多利亚湖就不够资格了。它肯定比东非诸大湖（它们确实是古湖）年轻。维多利亚湖起源于东非一大区域的隆起地带，后来在地壳演变过程中形成了凹地地形。

维多利亚湖的数字

湖泊坐标：北纬0°20′~南纬3°，东经31°39′~东经34°53′

海　　拔：3720英尺（约1134米）

表面面积：26563平方英里（约6.88万平方千米）

水域面积：74517平方英里（约19.3万平方千米）

停留时间（体积/流出量）：140年

最大深度：262英尺（约80米）

平均深度：131英尺（约40米）

体　　积：2760立方千米

湖滨长度：2137英里（约3440千米）（不包括岛屿）

湖面温度：75℉~86℉，24℃~30℃（近似值）

湖底温度：73℉~81℉，23℃~27℃（近似值）

维多利亚湖的水域完全处于热带——事实上赤道就穿过这座湖泊。在湖泊北岸和乌干达境内的这个盆地的大部分地区，气候划归为赤道潮湿气候或赤道季风气候(分别是范式气候分类Af和Am)。赤道或热带潮湿地区是典型的热带雨林气候，没有真正的四季，并且每月降雨量至少2.4英寸（约61毫米）。而在季风地区，风向根据季节改变，每年至少有一个月是干季。这个凹地的南半部主要是热带干湿气候带（范式气候Aw）。热带干湿气候与热带草原生物群落有关，以明显的季节性降水为特点，通常有一长段时间的干季。

正如人们对赤道地区所预料的那样，温度一律很温和，没有季节性变化，地区差异很小。每年平均最低温度一般为60℉~65℉（约15.5℃~18.3℃）；每年平均最高温度在81℉~88℉（约27℃~31℃）间波动。

维多利亚湖及其盆地的干季一般来说是从6~8月，盆地东南部有四分之一的地方是最干的地区。即使在最潮湿的盆地西北部，6~10月也通常是最干的。3~5月是最湿的季节，但是每年的11月、12月是另外一个湿季。第二个湿季被称为小雨季节（与大雨季节不同），并且是不稳定的。

维多利亚湖面积大体积小。湖泊的降水量占进入湖泊总水量的绝大部分（超过80%），而蒸发和蒸腾的水量也占流出水量的绝大部分，总计每年有32000万立方米的水（以雨水的形式）降到湖面及其水域（1946~1970年平均）。但是，由于它所处的赤道位置和气候条件，蒸发和蒸腾所损失的水达到29000万立方米。如果湖面保持恒定不变，那么每年接近3000万立方米的水量就要离开这个湖泊。这种输出经由维多利湖北端的维多利亚尼罗河（著名的尼罗河支流）流出。

从维多利亚湖西端流入的卡盖拉河是最大支流，并携带一半以上的表面水进入湖泊。另外10条相对较小的支流，每一条携带平均大约4%的流量。

这个湖泊盆地大致是茶碟状，湖滨都是岩石，犬牙交错，高低不平，随着水面的波动而有相当大的改变。它有几个较大的水湾和无数个小水湾。大量的大小岛屿使这个湖有广大的滨湖地带。纸莎草占统治地位的边缘泥沼泽在这些水湾中是非常普遍的。

维多利亚湖的生物群

植物 维多利亚湖的浮游植物是多种多样的。据报道,有117个属,600多个种。植物群由蓝细菌、绿水藻和硅藻属构成,尽管蓝绿藻更趋向占统治地位。因为维多利亚湖已经变成富养湖,所以它的浮游植物很丰富。在整个湖中你都可以发现隐球藻属的蓝绿藻,偶尔数量很大。蓝绿藻这样"茂盛"(也被称为蓝细菌)一个世纪前就被观察到了,但现在更加普遍了。这一属中的许多种可产生脂多糖,刺激皮肤,引起人们胃部不适。当蓝细菌占统治地位之后,硅藻属和绿藻就变得不那么重要了。据报道,从20世纪60年代以来,整个浮游植物总量增长了5倍。

占主导地位的物种根据季节和地理位置的不同而变化。在湖的沿岸和开阔的湖面,或在干季和雨季,物种的构成都是不同的。在干季,湖泊沿岸的水域被蓝细菌完全占领,但是硅藻属在开阔的湖面是最多的。在雨季,蓝细菌还是沿岸地带数量最多的物种(尽管种类少一些),超过开阔湖面的硅藻属。总的来说,浮游植物活动在干季最活跃。硅的获得影响浮游植物的种类;当可溶硅浓度低时,需要硅含量高的硅藻属种类数量就减少。

滨湖带也有大型植物。纸莎草就生长在维多利亚湖隐蔽的水湾和湿地上。通常情况下,当纸莎草离开湖边向湖里生长时,它就离开湖底,形成浮游丛。这些浮游丛有时在暴风雨中会分开,分散到湖的四周。其他露出水面的大型植物包括浣熊尾草、黑藻以及软化属植物,河马草是一种重要的大型浮游植物。水葫芦———一种引进的种类,最近几十年以来繁茂地生长起来。

无脊椎动物 维多利亚湖的浮游动物中,轮虫门、枝角类和桡足类占49种已确认的物种的大部分。桡足类是维多利亚湖最盛行的浮游动物，占这个湖肯尼亚水域85%的浮游动物。其他重要的浮游动物包括水跳蚤、轮虫和淡水水母。还有一些浮游动物包括扁虫、水生螨虫和种虾

表4.6　那布咖博湖(维多利亚湖西岸)两栖动物种类表

动物名称	拉丁文学名
非洲树蛙	*Afrixalus fulvovittatus*
埃及蟾蜍	*Bufo regularis*
蟾蜍	*Bufo steindachneri*
带状蟾蜍	*Bufo vittatus*
白嘴水蛙属	*Hyalarana albolabris*
树蛙	*Hyalarana galamensis*
白戎寺葫芦蛙	Hyperolius bayoni
基伍葫芦蛙	*Hyperolius kivuensais bituberculatus*
二型芦苇蛙	*Hyperolius cinnamomeoventris*
长芦苇蛙	*Hyperolius nasutus*
芦蛙	*Hyperolius viridiflavus variabilis*
跑蛙	*Kassina senegalensis*
树蛙,没有常用名	*Leptipelis bocagei*
泥潭蛙,没有常用名	*Phrynobatrachus graueri*
酣泥蛙	*Phrynobatrachus natalensis*
东方泥潭蛙	*Phrynobatrachus acridoides*
圆盘指泥蛙	*Phrynobatrachus dendrobates*
安琪塔箭蛙	Ptychadena anchietae
马斯克林箭蛙	*Ptychadena mascareniensis*
箭蛙,没有常用名	*Ptychadena porississima*
箭蛙,没有常用名	*Ptychadena oxyrrhynchus*
查皮尼河蛙	*Rana angolensis*
非洲爪蛙	*Xenopus laeuis victorianus*

或蚌虾——甲壳虫类（双壳类）的一种。昆虫幼虫也是浮游动物的一部分，尤其是幽蚊科的幼虫。这些不咬人的幽蚊成群出现，有时被当地人用来做昆虫蛋糕。

人们主要在维多利亚湖肯尼亚水域研究底栖带的无脊椎动物群。种类繁多的大型无脊椎动物（非极小的没有脊椎骨的动物）生活在湖中。一般来说，水湾和沿岸地带物种比开阔地带丰富得多。寡毛纲虫、软体动物和昆虫幼虫是湖中物种的代表，并且分布很广。通过对乌干达软体动物的研究，人们发现维多利亚湖有65种和亚种的腹足动物（蜗牛）和蚌类（蚌和软体动物）。有肺的蜗牛是血吸虫病菌的携带者，这种病菌能使人和牲畜患上一种严重的疾病（血吸虫病）。

在维多利亚湖只有一种对虾，就是普通的米虾属。这种小虾状的生物有时在滨湖带和亚滨湖带大量出现。它是底栖生物，在离岸地区，是以碎屑和浮游植物为生的远洋物种。正如许多小的远洋浮游动物一样，它们每天迁徙，躲避视觉觅食者（鱼和其他靠视觉觅食的哺乳动物）。它白天潜入较暗的水域，晚上升到水面觅食。对虾是维多利亚湖特有鱼的重要捕食物种。但现在它似乎是引进鱼——尼罗河鲈鱼的主要捕食猎物，尤其是在尼罗河鲈鱼大批吃掉维多利亚湖特有的鱼种之后。

爬行动物和两栖动物　围绕维多利亚湖的湿地、池塘和湖泊中有种类繁多的两栖动物群，尤其是湖泊西北部乌干达水域（见表4.6）。然而，这里只有两种特有的两栖动物，有条纹的蟾蜍和青蛙。

鱼类　维多利亚湖的浮游植物和底栖生物群种类很多，但正是因为这个湖泊的鱼群，此湖才闻名于世。更准确地说，正是由于发生在这个湖泊的鱼群事件才使其闻名遐迩。这个湖泊自产的鱼种类似于加拉伯戈斯群岛的朱雀鸟，都是由达尔文发现的。这个湖泊的单色鲷属慈鲷就是一个种群的著名实例。这是一个联系密切有共同祖先的种群（也就是通过适应辐射）。

　　维多利亚湖又宽又浅的形状可能是其物种迅速形成的部分原因。当周期性干旱出现时，湖水减少，周围的小湖泊被切断。这样地理上的隔绝就会导致物种形成。单色鲷属慈鲷就是种类繁多最突出的例子。这一类中多达600种是在相对较短的1.2万~1.5万年中在维多利亚湖进化的。单色鲷属慈鲷适应性辐射体现在其营养或摄取食物的多样性（见表4.7）。

　　维多利亚湖慈鲷对数百计的摄取食物方式和栖息地特化的适应性辐射，引起一系列突出的行为和形态（身体形态）的变化。许多单色鲷属鱼都是用嘴孵化幼苗。其中不少于24种（大概更多）吃自己和其他鱼的

表 4.7　维多利亚湖单色鲷属慈鲷的种类及数量

种　类	种类数量
食碎屑鱼类	14
食浮游植物鱼类	3
食草性动物	5
附生植物食草鱼类	14
植食鱼类	2
剥壳鱼类	20
食浮游动物鱼类	25
食虫鱼类	41
食对虾鱼类	13
食蟹鱼类	1
食鱼鱼类	114
食仔鱼	24
食寄生虫鱼类	2
其他	54
总计	349

（作者提供）

鱼苗，尤其是单色鲷属的鱼类。至少有三种在面临用嘴孵化的母鱼的挑战时，进化了"撞捶"。也就是说，它们挤撞进母鱼嘴里，迫使其喷出自己的鱼苗。不同的撞捶有不同的进攻策略：有的从母鱼背后袭击；有的从母鱼下面袭击，还有的从上方向下攻击母鱼的鼻子。除了撞捶之外，还有几个鱼种进化了嘴的结构，使其能够进入用嘴孵化的母鱼口中，这样这个恋童癖者就从母鱼口中吸出鱼苗。一个传奇的单色鲷属鱼类专门吸吮其他单色鲷属鱼的眼睛（尽管这一点还没有被证实）。这些行为上的适应只是这些鱼类差别的一方面。它们还呈现许多颜色、形状和大小（虽然大多数相对较小）的差异。很多鱼即使科学家们也不会认识，因为它们在任何人知道其存在之前就已经灭绝了。

除了单色鲷属之外，还有两种土生土长的罗非鱼和45种非慈鲷科鱼类栖息于维多利亚湖。非慈鲷科包括一些鲤属鱼（鲤科成员，包括米诺鱼和鲤鱼）和管嘴鱼属（管嘴鱼科成员——象鼻鱼，之所以这样称呼是因为它们有狭长的嘴）。几乎所有的管嘴鱼属都是底栖动物，也就是说它们是食底泥鱼。在近几十年中，维多利亚湖这种特化已经对它们的生存产生了不利影响，因为那里的下层滞水层含氧量越来越低。维多利亚湖特有的几种鲶鱼，包括深湖鲶鱼，很显然就是因为缺氧而死亡，或者成为尼罗河鲈鱼的猎物。

直到大约20世纪，维多利亚湖的鱼群种类极其丰富、繁多。许多传统的渔民靠低效率的捕鱼方式就能过上很好的生活。罗非鱼的两个物种对乌干达和肯尼亚的渔业是最重要的。在坦桑尼亚的维多利亚湖部分，泥古（一种鲤科鱼）和色木吞古（一种鲶鱼），也是很重要的。随着本地区人口的增加，人们采用更加高效率的捕鱼方式，如刺网是由当时执政的殖民统治者引进的。捕鱼的压力因而增加。随着大型鱼鱼种的数量一个接一个地减少，商业捕捞的数量也下降了。从商业角度来看，自产鱼不肥，不适合捕捞。所以政府不顾渔业生态保护者的建议，20世纪50

年代初引进了尼罗河鲈鱼。这种大型的、攻击性的食肉动物（6英尺/约2米长）的捕食、过度捕捞、人口增加以及湖水深度的不稳定性，所有这一切都是导致维多利亚湖特有鱼种减少的原因。至少单色鲷属慈鲷中的200种，还有许多其他种类在30年内已经趋于灭绝。单色鲷属的许多种类曾经占维多利亚湖鱼类总量的80%，而现在一个单独的鱼种（尼罗河鲈鱼）就占80%。如果政府的目标是发展有商业价值的渔业，那么引进尼罗河鲈鱼是成功的。在一个非常贫穷的地区，维多利亚湖输出的尼罗河鲈鱼，每年价值超出一亿美元。然而，这并不能证明这是改变这个以贫穷为特点的地区的好办法。现在尼罗河鲈鱼被过度捕捞，其数量也在减少。另外一个引进的品种——尼罗河罗非鱼正在大量繁殖，并且成为商业价值很高的品种。

随着尼罗河鲈鱼的过度捕捞以及湖中某些环境因素的改变，一些维多利亚湖特有的单色鲷属有可能反弹。尼罗河鲈鱼数量的减少释放了捕食压力。拥挤的渔港布满了水葫芦，这也降低了人工钓鱼的压力。持续很多年的缺氧带也可能提供一个避难所，一些自产鱼比尼罗河鲈鱼耐低氧能力强。然而，这是一个充满危险的避难所，因为当缺氧水域的水上涌时，大鱼的屠杀就开始了。

鸟类和哺乳动物　与维多利亚湖鱼类的戏剧性故事相比，哺乳动物和鸟类通常只是一个注脚。但是维多利亚湖处于世界上所有野生动物最丰富地区之一的中心。人们与非洲联系起来的巨型动物都可以在这个区域找到——狮子、大象、长颈鹿、大猩猩、猎豹、猴子、牛羚以及色彩鲜艳的鸟类。这些动物中绝大部分是陆生的，但是有些栖息于湖泊周围广阔的湿地上。

这些湿地属于湖泊生态体系的一部分，上面生存着数以百万计的鸟和哺乳动物。在乌干达桑戈湾湿地上，栖息着65种不同的哺乳动物和417种留鸟，还有成群的候鸟。它是黄池鹭、灰顶鸥、小白鹭、长尾鸬鹈、大白鹈鹕以及粉红背鹈鹕的繁衍地。在桑戈湾，相关的种类还有：蓝燕、鲸头鹳和白翅黑燕鸥。与桑戈湾相关的哺乳动物包括非洲象、黑白疣猴亚属、蓝猴以及泽羚———一种两栖的羚羊。

维多利亚湖北部乌干达境内的马板姆巴水湾栖息着许多迁徙的鸥嘴燕鸥和须浮鸥。根据1999—2003年的统计，鲁特穆比湾每年有1400万只水禽。维多利亚湖湿地绝大部分都处于未被研究的状态，所以其鸟类的品种及数量可能比已知的多得多。

维多利亚湖生态和环境的变化

维多利亚湖的食物网和生物种群受到多重干扰，现在还处于变动状态之中。所以生态系统的许多部分在变化，并且对其他组成部分的改变做出反应。而这种变化是科学家们很难观察到的，更不要说理解现在湖中所发生的事情了。维多利亚湖在土地使用、打鱼技术、人口（据估计在今后20年内会增加两倍）、政府有关湖泊的政策，甚至气候等方面都发生了连续不断的变化，所以这个湖泊的环境在不久的将来不可能达到平衡稳定的状态。这个湖泊的实际物理环境很显然已经改变了。1978年前，维多利亚湖相对来说混合较好，含氧量高。在那之后，碰巧尼罗河鲈鱼爆发性增长，维多利亚湖开始分层，这种情况今天还在继续。随着分层的出现，下层滞水层脱氧的情况就显现了，结果这个湖泊70%的鱼类栖息地就此消失。

维多利亚湖的物种和食物网最近几十年内经历了重大的改变。这些变化是由于养分载荷以及鱼种引进造成的。这种变化如此剧烈，以至于科学家认为维多利亚湖有一种恐怖的魅力（30年内200多个鱼种已经灭绝，历史上最快速、最广泛的脊椎动物种类灭绝地之一）。

20世纪50年代中期，尼罗河鲈鱼是由英国殖民地官员们引进的。这种鱼的数量刚开始并没有明显地增加，直到1978—1987年，才急剧增多。在尼罗河鲈鱼急剧繁殖之前，这个湖泊生物总量的80%由单色鲷属构成。而后来80%是尼罗河鲈鱼。到了20世纪90年代，剩下的20%主要由引进的罗非鱼种组成。不管单色鲷属剩下多少，它也不超过生物总量的1%。

并不是维多利亚湖食物网的所有改变都归咎于尼罗河鲈鱼的掠夺行为。浮游动植物密度和生物种群的急剧变化无疑会影响以其为食的生物数量。受其影响的生物之一就是远洋带的鲤科鱼——银湖鱼。这种小鱼（不到3英寸长，大约8厘米）以浮游动物和湖面昆虫为生。因为捕食它的单色慈鲷属鱼类接近灭绝，所以其数量在1990—2000年期间爆发性增长。现在它是商业性捕捞的目标，也是鸬鹚和翠鸟（食鱼鸟）的主要食物来源。然而，这种小鱼的数量密度似乎容易受一种寄生虫的影响，人们担心其数量可能也会下降。

随着单色鲷属鱼类的灭绝，尼罗河鲈鱼转向单色鲷属鱼类的食物来源——对虾。最近，科学家对尼罗河鲈鱼腹中食物进行研究，发现其主要以对虾和未成年尼罗河鲈鱼为食。据报道，一些当地人因为其同类相食的习惯而不食用尼罗河鲈鱼。但是对虾的数量一直保持很高，因为缺氧的下层滞水层使它们有了摆脱尼罗河鲈鱼的避难所（尼罗河鲈鱼对缺氧很敏感）。

有迹象表明尼罗河鲈鱼的最大数量不可能保持下去了。为了湖上渔业发展而引进大筛眼刺网之后，这种鱼的捕捞量就下降了。在岸边，细筛眼刺网迅速扩散并围网捕鱼，主要捕捞尼罗河鲈鱼的小鱼。尼罗河鲈鱼的数量及掠夺行为已经减少了很多，一些幸存的慈鲷又开始繁殖生长了。

一些潜在的实际上具有侵略性的鱼种也被引进来。其中几种罗非鱼到目前为止还没有形成太大冲击，但是引进的尼罗河罗非鱼似乎正在毁灭两种自产罗非鱼。

引进的水葫芦已经成了恼人的东西。这是一种20世纪初期引进的大型浮游植物。其在80年代从科格拉河进入维多利亚湖，现在成了整个湖泊的问题植物（正如世界的许多地方一样，包括美国）。

水葫芦可长到一米多高，是开着淡紫色花的浮游植物。它圆圆的叶子很坚韧，茎像海绵，充满空气，易于漂浮，坚韧的根部悬吊在水中。这种植物迅速扩散，形成紧密的毯状物，甚至能推动大船，更不要说传统的维多利亚湖渔民用的小舟了。这种植物几乎完全遮挡阳光，因此浮游植物的产量急剧下降，影响整个食物网。它们还覆盖并消除许多鱼类的繁殖栖息地。

1998年水葫芦最茂盛的时候，它覆盖了湖面、所有的水湾和滨湖地区的5万英亩（约2万公顷）的水域。乌干达和肯尼亚境内湖的北部边缘受影响最严重。据报道，人们曾尝试过化学控制（使用除草剂），而机械控制又太昂贵。使用象鼻虫的生物控制似乎使水葫芦的数量下降了。但是，2006年的大雨使它又爆发性地增长起来。这种植物在这个湖泊生长得非常好，不太可能被根除。但是经过数十年的努力，其生长已经开始受到限制。

污染是维多利亚湖另一个主要问题。人们关注的焦点主要是湖泊的富氧化问题，即湖泊养分载荷不断增加的结果。过多的养分（氮和磷）可能来源于暴雨快速流过广大的城镇、整个水域的农业耕作、处理过和未处理过的废水排放以及工业废水排放等。随着湖泊及其支流周围泥沼泽被排干用于耕种，其去除养分的能力（尤其是磷）已经消失，这也加速了富氧化的进程。为农业和城镇用地所进行的湿地改造，不仅增加了沉积物和养分，也消除了这两种污染物的自然陷阱。这个湖泊中额外的硝酸盐（氮的一种形式，对植物有利）是浮游植物构成改变的产物。随着富氧化的进行，蓝细菌占浮游植物的主导地位。其中有些是氮素固定者，而它们的茂盛给生态系统增加了大量的硝酸盐。

微生物污染是人们关注的另外一个问题。细菌、病毒和其他极其微小的生物可以导致各种各样的水生疾病，包括霍乱和痢疾。这个湖泊的许多沿岸地区微生物病原体的浓度很高，人们通过饮水和身体接触很容易感染这种病菌。这种微生物污染的来源并不难发现，但要去除它却很昂贵。居住在这个湖泊周围城镇的大约300万人口中，只有60万人有废水处理系统，这个系统在废水排入湖泊之前要对其进行处理。其余所产生的废物直接进入湖泊及其支流。另一种污染是穿过城镇和乡村的暴雨带来的。其携带着人类和动物所产生的废物，经雨水冲刷，进入湖泊及支流。最后，几乎所有船舶都没有水处理系统，人们只是把废物直接倒入湖中。

化学污染也越来越成为一个问题。工业排放很大程度上未受到管理，或者说规章制度没有严格地执行。这个水域不断增加的金矿开采所产生的汞是人们关注的问题。过期的农药，包括滴滴涕、化学废物和石油化学产品等在这个水域城镇化和工业化过程当中都排入了湖泊。

这个湖泊的自然条件自20世纪60年代以来，无论是物理方面还是生物方面都发生了急剧的变化，而且这种快速变化还在继续。这反映了这个水域的变化，包括稳步上升的人口（从1950年的500万到现在的3000多万）和农业生产产量的成倍增长。

维多利亚湖的生态体系是否会或怎样能变平稳，是科学家们竭力要回答的一个问题。这个答案对于依靠其生存的数以百万的当地人来说非常关键。

自20世纪60年代以来，维多利亚湖水的质量就变得越来越富养。不断加剧的氧化的结果是光的穿透性变差。在60年代，这个湖泊的塞奇深度为23英尺（约7米）；90年代，塞奇深度下降到6英尺（约2米）。在20世纪90年代，肯尼亚境内的一个水湾的塞奇深度是1.6~3.3英尺（约0.5~1米），在开阔的湖面是3~8英尺（约0.9~2.4米）。一般来说，在开阔的水面，塞奇深度大，湖水就比河湾和滨湖地带清澈。在水藻茂盛时期，塞奇深度较低，但有短期的变化。尽管这个湖泊越来越富养，但在1991年，在开阔的湖面上，塞奇深度仍可记录到200英尺（约60米）。

叶绿素（用来测量光合作用水藻的浓度）从60年代到90年代增长了5倍。主要产量（另外一个测量水藻活动的方法）增长了4倍。在60年代之前，氧含量低是很少见的，除非在200英尺（约60米）深的水域。现在，低氧即使在浅水区也是很普遍的现象，这是水藻大量生长的典型后果。水藻死亡，沉入深水区，在那儿分解。分解过程需要氧，因为水的分层，这个水域不能得到氧。低氧和无氧水域不适合做鱼和大多数其他水生生物的栖息地。现在的栖息地大约比50年前减少了70%。偶尔低氧水上涌，会导致维多利亚湖鱼类大量死亡。

推动富养化的水化学的改变就是维多利亚湖急剧增加氮磷的载荷。磷的输入现在是60年代的3倍。氮的荷载也增加了。1998年磷酸盐和硝酸盐的浓度与60年代类似，多余的部分被水藻占用。氮现在被认为是受限制的养分，所以氮的进一步增加将导致水藻密度的进一步加大。有证据表明，水藻密度已经大到另外一个因素可能开始限制水藻的生长——光的可获性。水藻密度越大，富养带越小；富养带越小，水藻的产量越少。

湖水可溶养分的含量和水藻的数量是互为动力的。维多利亚湖是单融温，也就是说，它的湖水每年垂直融合一次。每年7月末，当湖水温度从上至下变均温时，这样的事情就会发生。水下滞水层的养分被带到富养带，水藻就茂盛起来。氮含量也受到水藻生物群构成改变的影响，这个生物群由蓝绿藻占主导地位，而这种植物可以固定氮（也就是说，把大气层中的氮转化成植物可利用的形式）。

从20世纪60年代至90年代，这个湖泊中二氧化硅浓度下降90%，很显然是硅藻属产品增加的结果。被玻璃状外壳包裹着的二氧化硅是硅藻属植物需要的重要养分。

维多利亚湖的前景

这个水域至少是三千万人的家园，其中三分之二依靠农业和放牧来维持生计。它也是世界上人口出生率最高的地区，平均每年超出3%。一半的人口在15岁以下，这就意味着未来会有更多的人来到这个世界。根据个人平均所得，它是世界上最贫穷的地区之一，并且食物保障对很多人来说是个问题（这个地区每年出口数万吨的含有高质量蛋白质的鱼片）。这个水域的土地主要用于农业，大多是小型的维持生计的生产。耕田的扩大和过度放牧应归咎于目前影响这个湖泊的水污染。2003年，大约三分之一的水域用来耕田。从那以后，这个数字毫无疑问增长了。湖泊周围尤其是支流水域周围的湿地变成农田，这是因为湖水质量下降了。

维多利亚湖的各种鱼受到各方的广泛关注。他们是科学家、政府官员、非政府组织以及国际组织包括世界银行和联合国。各种研究正在进行，人们也做出多方努力改善维多利亚湖及其水域的环境条件。然而，未来对于维多利亚湖及其传说中的鱼类来说是不确定的。这个盆地的条件变化迅速，野生动物栖息地包括湿地正在被转变为农田，因为人们需要种地来供养大量增长的人和牲畜。成千上万吨鱼片出口到世界各地，而当地人蛋白质缺乏的状况却越来越严重。然而，与此同时生态旅游正在蓬勃发展起来，这就让政府有充分的经济理由来做自然保护工作。但是，如果现在采取环境保护措施，那么对维多利亚湖中的鱼类来说也为时已晚。

总之，维多利亚湖的生态体系是不平衡的。原来有400多种鱼类的鱼群现在只剩下3种具有共显性的鱼：尼罗河鲈鱼、尼罗河罗非鱼和独一无二的、自产的"西欧敏纳（音译）"（考夫曼1992）。生物种类繁多、食物网错综复杂的状态通常可以提升生态系统的稳定性和恢复力。食物网过于简单，只依靠几个品种，就会使生态系统变得失衡且不稳定。

改变巨大的温带湖泊：安大略湖

北美五大湖

北美五大湖构成北美大湖区体系。其中三个湖泊位于世界十大淡水湖之列（根据湖面面积）。有些人认为密歇根湖和休伦湖是单独的湖泊。因为这两座湖泊水文上相连，自由地交换湖水，因此水深也相等。所以，每一个都可以单独列入世界十大淡水湖序列之中。五大湖拥有的水量占世界淡水总量的五分之一，其面积（94270平方英里或约244160平方千米）比联合王国（英格兰、威尔士、苏格兰及北爱尔兰）的面积还要大。

五大湖水域土地面积（见图4.6）为20万平方英里（约52万平方千

图4.6 北美五大湖及其水域 （伯纳德·库恩尼克提供）

米），是湖泊自身面积的两倍多。这个湖区一半在美国，一半在加拿大。湖区内有八个州和一个省，分享着1.05万英里（约1.7万千米）的沿岸地带。

五大湖处于中纬度潮湿大陆气候带（范式气候区域Dfa，Dfb）。这样的气候特征包括相对较低的年降水量、分明的四季，以及夏天炎热、冬季寒冷的强烈季节变化。然而，五大湖自身巨大的体积对这种温带气候的作用是缓和其季节的剧烈变化。因为这些湖水不会快速变暖或变凉，因此附近地区温度的季节性极限变小了。大面积的湖水带来更多的湿气，正是这种加湿作用，导致湖泊南岸和东岸形成"雪带"。这个地方在冬季风盛行时是顺风。在所有的季节，盆地北部的温度较低，盆地南部的温度较高。只有伊利湖地理位置更靠南，且比其他湖浅。冬季时完全结冰，但并不是每年都这样。其他湖泊相对其面积来说，体积巨大，很难完全结冰。

五大湖由冰川生成。在相对近期的冰川活动（1万~1.5万年前）中，劳伦泰德冰盖挖掘出湖泊盆地。1英里（约1.6千米）厚的冰盖犁过土壤和相对较松软的岩石，在先前存在的河流上筑坝。当冰盖融化时，水就充满了这个它们自己建成的盆地。

五大湖由水连接在一起，它从苏必利尔湖和密歇根湖流入休伦湖；休伦湖排出的水进入伊利湖；伊利湖排出的水经由尼亚加拉河流入安大略湖。整个五大湖体系排出的水经由圣劳伦斯河进入大海。图4.7从侧面表明五大湖之间的联系，表4.8呈现了五大湖的形态数据。

安大略湖的物理特性

安大略湖是温带气候湖泊体系的典型代表。像许多世界上其他的大湖一样，安大略湖有各种功能，扮演不同的角色，为社会做出很多贡献：渔业、娱乐业、交通运输、家庭农业和工业用水以及废水的同化等。然而在许多方面，这个湖泊是否能够继续为人类带来利益令人质疑。因为

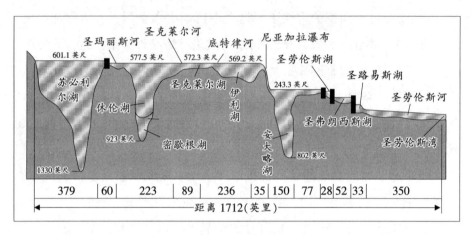

图4.7　五大湖纵剖面图　（杰夫·迪克逊提供）

它就像世界上许多其他湖泊一样生态上陷入困境。气候变化（气候改变的迹象在五大湖区已经很明显）将以不可预知的方式进一步改变这一体系。从表面测量（长度、宽度、面积和湖滨线）来看，安大略湖是五大湖中最小的湖泊，但其深度相对较深，因此其体积是伊利湖的三倍（见表4.8）。根据湖面海拔高度，它是最低的湖泊，是最下游的地方。它是五大湖中唯一拥有天然溯河产卵鱼种（大西洋鲑鱼）的湖泊。之所以这样，是因为尼亚加拉瀑布从远古时代开始，就对向上游的迁徙形成了不可逾越的障碍。

安大略湖水域的气候特点正如范式气候区域Kfa中所描述的：潮湿，冬季严寒，没有干季且夏季炎热。冬季，盆地受寒冷的极地气团控制，而夏季来自墨西哥湾的温暖潮湿气团控制整个水域。湖泊周围平均一月份气温为0℉~27.5℉（约-18℃~-2.5℃）；七月份平均气温为65℉~70℉（约18℃~21℃）。年平均降水量从西至东在31.5英寸~40英寸（约800毫米~1000毫米）之间。其中有些部分的特点是"雪带"。湖泊对气温的缓和作用促进了安大略湖水域纽约州果园的发展。

这个湖泊相对来说又深又窄。从纽约罗切斯特向北延伸的湖底高

表 4.8 五大湖的形态测量数据

湖泊	平均海拔高度 [英尺(米)]	面积 [平方英里 (平方千米)]	体积 [立方英里(立方千米)]	长度 [英里(千米)]	宽度 [英里(千米)]	湖滨线 [英里(千米)]	平均深度 [英尺(米)]	最大深度 [英尺(米)]
苏必利尔湖	600(约183)	31820(约82414)	2945(约12233)	350(约563)	160(约257)	2979(约4795)	489(约149)	1329(约405)
密歇根湖	579(约176)	22400(约58016)	1179(约4913)	307(约494)	118(约190)	1636(约2633)	279(约85)	922(约281)
休伦湖	579(约176)	23010(约59596)	844(约3516)	206(约332)	183(约295)	3826(约6157)	194(约59)	751(约229)
伊利湖	570(约174)	9940(约25745)	117(约488)	241(约388)	92(约57)	871(约1402)	62(约19)	210(约64)
安大略湖	245(约75)	7540(约19529)	391(约1631)	193(约311)	53(约85)	712(约1146)	282(约86)	801(约244)

(作者提供)

地（131英尺/约40米）将其分成两部分。东部水域被称为罗切斯特水域，是湖泊最深的地方。南部湖底坡度很陡，而北部湖底坡较缓。

安大略湖水域（不包括上游诸大湖水域）是760万人的家园，其中540万人居住在加拿大境内。人口密度最大的地方是金马蹄地区。它从安大略湖西岸的尼亚加拉瀑布延伸至多伦多大都市区。而美国境内只有几个小一些的城镇聚居区，著名的有纽约地区的罗切斯特和奥斯威戈。美国和加拿大境内安大略湖周围用地都用于农业和林业（各占39%和49%）。美国和加拿大相比，森林用地较多，农业用地较少。城市和其他用地所占比例很小。但是，在靠近湖泊的地方居住和商业用地更明显。

湖水的流动和停留时间　从水文上看，这个湖水的体积相较于其流入和流出量来说是很大的，但是和其他诸大湖相比却小得多。目前的水流需要七年时间才能流进湖里（也就是说其停留时间是七年）；形成鲜明对照的是苏必利尔湖的停留时间是200年。安大略湖80%的水来自尼亚加拉河，它以20万立方英尺/秒（约5663立方米/秒）的平均速度从上游诸大湖带来大量的水。其余的来自其他的支流（14%）和降水（7%）。湖水的93%通过圣路易斯河流出，其余7%通过蒸气挥发。

20世纪50年代圣路易斯海道（水闸、水坝和运河）的建成对安大略湖有极大的影响。远洋船只被允许进入五大湖体系，间接地导致了无数非自产鱼种的引进，而外来鱼种对当地生态系统的影响是深远的。直接的后果是对湖泊水位的调节。以前安大略湖是在大约6.5英尺（约2米）范围内变化，而现在的变化范围不到一半。

温度和混合条件　安大略湖是双融温，也就是说湖水每年垂直混合两次。垂直分层每年开始于6月中旬至7月，在近湖30~50英尺（大约10~15米）的深度有明显的跃温层，尽管湖的不同部分深度不一样。温暖且缺乏养分但氧含量充足的表水层，与凉爽、养分充足但缺氧的下层滞水层的混合在9月就基本结束了。湖面温度逐渐变凉直到表层水温度接近下层滞水层的温度。而这里的温度常年都保持在39℉（约4℃）。

当冬季来临时，湖面温度下降至39℉（约4℃）以下。水在此温度下密度最大，所以较冷的水流到密度较大的水之上。部分湖面结冰降低了风驱动的混合，分层又出现了，尽管没有夏季那么彻底。

即使在夏季，有些混合也会发生。尼亚加拉河在进入安大略湖的地方形成水流。更重要的是，占主导地位的西风推动湖面的水向东并且（因为科里奥利效应）向南流动。当湖水在东部和南部堆积时，表面水就会下沉。在北部和西部湖滨随之有下层滞水层上涌。另外，根据季节和其他条件，湖水环湖滨作逆时针流动，或者形成两个环流——东部逆时针环流和西部顺时针环流。

另外一个与混合和夏季分层转换有关的现象是水平跃温层的形成。春天，湖边较浅水域首先变暖，并通过对流上升。当暖水在湖面扩散时，它就离开湖边。当湖面暖水遇到仍然冰冷的近湖湖水时就出现了热线/热条。这两种水的融合产生了最大密度带。在这个地方来自两个方向的水下沉。下沉带像同轴圆一样向湖泊中心旋转下降，消耗掉近湖表面的冷水，用暖水代替。最终，表面暖水传播到整个湖泊，垂直分层就形成了。与此同时，当热流流向近湖之后，养分丰富的深湖水被吸上来代替表面水，这种水流上涌和暖水现象与浮游植物活动爆发性增长有关。

夏季湖水分层会强烈地影响湖泊的生物条件。表水层与下层滞水层完全分隔。表水层养分被浮游植物消耗。当这些接近表面的植物和其他生物死亡并且下沉时，表水层的养分也消失了。表水层也变得更加缺氧了。与此同时，下层滞水层死亡有机物的积累延长了分解过程，而这个分解过程消耗氧。然而，正如上面所提到的，这个湖泊的分层不彻底，而有些混合确实发生了，从而导致养分定期地再次进入表水层。

有些混合也是由湖面波动（湖震）引起的。安大略湖有大约11分钟的湖面波动。正常情况下，湖震的振幅几乎测量不到，大约0.8英寸（约2

厘米）。然而，大气条件（如不断上升的高压脊）能够大幅度提升湖面波动的震级。

冰况 这个湖泊几乎不能完全结冰，但是湖滨地带结冰，尤其是南岸和金士顿水域（湖泊东北角，在此湖泊变窄到圣路易斯河出口）。冰层面积2月份最大。每年冰层覆盖面积最大值在20%范围内，没有太大变化；1979年，冰层覆盖面积达这个湖泊表面积的80%。

水化学 安大略湖湖水的主要离子包括钙、镁、钠和钾阳离子以及碳酸盐、硫酸盐和氯化物的阴离子。表水层的碳酸钙过于饱和，导致含有碳酸钙晶体的雨水降到湖面，沉入下层滞水层。在1850～1970年，由于这个水域及上游水域尤其是伊利湖水域的人类活动，所有主要离子的浓度都上升了。

营养状况 安大略湖的"天然状况"是贫养的植物少，养分含量低。在1950～1975年，这个湖在湖滨地带变成了中营养甚至富营养。这是因为来自两个地方和非点源的氮磷载荷增加。例如，在1968～1975年，氮磷平均为20微克/升。由于美国和加拿大政府的共同努力，在20世纪80年代，这个湖泊的养分含量下降了，湖泊又趋向于贫营养湖了。到了2006年，不知是因为降低磷的努力太有成效了，还是因为超贫养湖这种趋势，它吸引了两种具有侵略性的外来物种——斑马贝和斑驴贝。这两种生物大量繁殖，传播到整个五大湖地区。

安大略湖的生物群

大型植物 除了在湖滨的一些避风湾和"池塘"之外，扎根于湖底的维管植物对于整个安大略湖生态体系所做的贡献相对甚少。然而，较高水生植物生长的地方成为一些鱼类重要的产卵、哺育幼苗的地方。这些鱼类只在水生植物上产卵，如白斑狗鱼、大梭鱼和雀鳝。

在不受水浪冲击的避风湾，最主要的大型植物是苦草、水池草、角果藻、星星草和浣熊尾草等。

　　某些避风湾中养分含量的上升使其拥有丰富的丝状水藻和麝香草（也是水藻种类）。其他水生大型植物饱受近滨湖地带这些水藻过度繁殖之苦。即使现在，整个湖泊已经变成贫养湖，但是在氮磷含量高的近滨湖地带这个问题仍然存在。当丝状水藻死亡时，它被冲上岸，形成观瞻问题（不美观）。即使受风和水侵袭的岩石湖滨，也会发现这种植物，虽然这个地方大型植物很罕见。

　　安大略湖周围避风的湖滨有一些湿地。沿着南部湖岸，这个湖拦截了一个丘陵地带，形成水湾，横跨出口的低矮湖岸形成很浅的潟湖。在湖泊的东岸也有潟湖和与之相关的湿地。在这些海拔最低的湿地上，浮出水面的植被包括普通的金鱼藻或浣熊尾草和伊乐藻，以及浮萍，枝叶漂浮的黄百合和睡莲也很普遍。这些植物偏爱营养丰富、低能量的生存条件，而这些避风的潟湖就具备这些条件。在较凉爽的湿地上，浮萍和水池草密度都很高。从露出水面的植物带往上就是湿草甸。这里主要有香蒲、加拿大拂子茅牧草和湿地羊齿植物。大量的香蒲反映了与圣路易斯河海道有联系的湖面的稳定性。再往上是灌木带，标志着向陆地的转变。

　　浮游植物　浮游植物总量无疑会随着养分含量（尤其是氮和磷）的改变而变化。其数量也随着温度和光照而改变。因此，浮游植物的密度具有很强的季节性。尽管每年都不一样，但是每一年的春季和夏末都是水藻繁盛时期，而秋季就有不同种类的植物了。桥弯藻属和冠盘藻属硅藻在春季是很重要的。而夏末繁盛期是绿水藻（绿藻门）占主导地位，尤其是壳衣藻属、卵囊藻属、角星鼓藻属和丝藻属。季节也影响湖上不同种类植物的生长，热线把不同种类的浮游植物群分开。

　　随着湖泊环境条件的改变，植物种类的融合也相应改变。20世纪70年代养分丰富时期，浮游植物总量由57.7%的硅藻、17.0%的绿藻、13.1%的沟边藻类和5.3%的鞭毛虫类构成，剩下的7.2%由蓝细菌（蓝绿藻）、金藻类和裸藻组成。

2003年，浮游植物总量相对于前几年较低，大约是1990年的十分之一，但是蓝细菌或者是蓝绿藻占夏季浮游植物总量的一半。这就提醒了鱼类生物学家和湖泊管理者。因为蓝绿藻对于浮游动物来说是一种质量不高的食物来源，而这些浮游动物反过来又被鱼类吃掉。一般来说，浮游植物少会改善水的质量，但反过来又会促进丝状藻的急剧繁殖，而丝状藻依附于养分丰富的近湖滨地带的底栖动物群。

考虑到湖泊周围这么多年的温度变化，浮游植物分布的差异是可以预料的。从垂直侧面来看，近湖地带浮游植物密度高点在16~33英尺（约5~10米）的深度（种类分布、种类融合和浮游植物密度的许多基本知识来自二十世纪七八十年代的研究。然而，安大略湖生态系统的变化速度如此之快，以至于七十年代的研究结果可能与现在已经无关了）。

浮游动物　正如大多数湖泊一样，安大略湖主要有三类浮游动物：原生动物、轮虫和甲壳虫类。虽然原生动物和轮虫季节性地大量出现，它们的总量及其在食物网中的重要性与甲壳虫类动物相比要小得多。

1998年的调查表明，在春天，安大略湖浮游动物群由桡足类剑蚤幼体（一群极其微小的桡足类亚纲甲壳虫）占统治地位，桡足类哲水蚤也出现了。到了夏季，浮游动物呈现多样性。三类浮游动物群占生物总量的最大比例。它们是无节幼虫（许多甲壳虫的幼虫的集合名称）和水蚤（水蚤和象鼻蚤，两者都是枝角目的甲壳虫类），还有桡足类哲水蚤和剑蚤幼虫以及轮虫。

相对大量的浮游动物表明这个湖泊有足够的食物供应，就像富养湖的状况一样。随着湖泊向贫养湖发展，丰富的甲壳虫和浮游动物种类就有可能改变。2003年，这种可能性被部分证实，因为表水层的浮游动物密度和总量在所提取的三个季节的样本中都大幅下降。这大概反映了浮游植物自底向上减少的事实。这种减少是因为高效率的滤食动物（斑马贝尤其是斑驴贝）的增加造成的。由于这些入侵者继续在湖底传播、扩散，浮游动物构成的进一步改变有可能发生。捕食的下行效应对浮游动物数量和种类构成的影响正在显现。这是因为出现了两种非自产的甲壳虫类动物（多刺的水蚤和桡足类的哲水蚤，真宽水蚤）。这种带刺的水蚤通常是较大（可达0.4英寸或约1厘米长）且凶猛的食肉动物。它偏爱的两种食物是安大略湖重要的浮游动物——水蚤类动物：长额象鼻蚤和角突网蚊蚤。生物学家们关注带刺水蚤和另外一种外来的入侵者鱼钩水蚤的影响。这些外来的动物由于其身上长长的刺而没有成为吸引小鱼的猎物。

安大略湖的大多数浮游动物在夏末时数量最多。温度似乎是控制数量的主要因素。在寒冷的月份，湖中很难看到任何浮游动物，而浮游动物的高密度会在温暖的月份，湖的水表层温度较高时出现（一般都在湖的东端）。

因为湖水分层，所以浮游动物也分层。大多数甲壳虫类动物都生活在水表层，少数几种大的在较冷的水域。因此在湖水分层期间，下层滞水层也能看到甲壳虫类动物——两种桡足类镖水蚤和糖虾。后两种夜间向上游，到水表层去捕食，白天再游回下层滞水层。这是为了避免鱼类对它们的捕食。糖虾是食物网中底栖动物群和鱼类及远洋带中其他生物之间的重要一环。

底栖生物　栖息于湖底的大型无脊椎动物群主要有两类动物组成。一种是端足类，是甲壳虫类动物的一种；另外一种是寡毛类的节虫，和陆地上的蚯蚓类似。20世纪70年代，在样本中，寡毛纲类动物占56%，端足类动物占36%。最近的研究发现，端足属占安大略湖底栖生物的50%，而寡毛纲虫子只占30%。其他出现的种类包括各种淡水蚌和蚊子的幼虫、球蚬和蜗牛。最近，外来的、具有侵略性的斑马贝和斑驴贝已经开始统治底栖动物群。在湖水深度不超过35英尺（大约10米）的滨湖带的底栖动物还由寡毛纲和端足类占主导地位，但物种不一样。钩虾属的端足类数量最多。摇蚊不是昆虫的唯一代表，还有一些其他的昆虫，如蜉蝣、石蛾、石蝇、蛇蜻蜓、蜻蜓科昆虫和蜻蜓等。

到90年代初期，斑马贝是滨湖带底栖动物数量最多的生物，但是令人惊奇的是，它的出现似乎对其他底栖大型无脊椎动物有益。其数量比70年代富养条件时更大。这种条件的改善是不是因为斑驴贝取代了斑马贝还令人质疑。在安大略湖，两种外来贝类最令人担忧的是通过影响底栖端足类动物而影响食物网。端足类是一些鱼类（包括土生土长的白鲑鱼）的重要捕食物种。斑驴贝进入更深的水域，随之而来的是端足类密度降低。很显然，这是食物（浮游植物）竞争的后果。

鱼类 安大略湖鱼类的聚集是成千上万年自然进程和人类影响（最重要的是捕鱼、污染和外来物种的引进）的产物。由于五大湖地质年代年轻，相对来说其特有的物种就少，其中几种已经灭绝。整个五大湖，尤其是安大略湖，大部分鱼最初来自密西西比河流体系，一小部分来自萨斯奎汉河和哈德逊河体系。这根本不能和非洲大湖的特有鱼群相媲美。欧洲人在这个水域定居时，安大略湖还有116种鱼。

不同的鱼类聚集在安大略湖的几个栖息地。湖滨带（50英尺，约15米深）鱼的种类相对较少，而且大部分在近湖区域也能发现。鲲状锯腹鲱和大部分湖鱼利用近湖区域产卵或哺育幼苗。较大的水湾，包括东部的昆特湾和出口都有更多的种类。在这些水湾中，最强的食肉动物是长鼻雀鳝、弓鳍鱼、北部狗鱼、小嘴大嘴鲈鱼和白斑鱼等。其他种类包括黄鱼、白亚口鱼、棕色大头鱼、美洲鳗鱼、鲑鲈、白鲈鱼、黄鲈鱼和淡水石首鱼，还有一些鲤科小鱼和太阳鱼。

安大略湖另一个主要的栖息地是湖底近湖区域。生活在接近湖底水域的鱼叫作底栖鱼。这个地带大量的鱼类，正如安大略湖其他部分一样，是极其不稳定的。在最好的条件下，鱼群增长是有动力的。易受许多环境改变影响的安大略湖鱼群，每一年的数量都很难预测。当食鱼的鳟鱼大量出现时，它就成了这个栖息带最主要的食肉动物。湖里的白鲑鱼和黏滑的杜父鱼以底栖大型无脊椎动物为生，而黏滑的杜父鱼是未成年鳟鱼的重要猎物。数量不那么多的底栖鱼包括深水杜父鱼、圆白鲑鱼和淡水鳕鱼。湖底近湖带和湖底远洋带的食物网是由糠虾目动物（五大湖的磷虾）、鳀状锯腹鲱和虹香鱼垂直迁徙（有时每日进行）连接起来的。

湖底远洋带是大型食肉动物的家园。许多鱼是引进品种，并为了打鱼人的利益而保留下来。这一类鱼中有奇努克鲑、柯荷鲑、虹鳟和成年鳟鱼。这些鱼吃较小的猎物，如湖鲱、深水加拿大白鲑和白鲑鱼，还有几种杜父鱼。现在它们的猎物大多局限于外来的鳀状锯腹鲱和可能是引进的虹香鱼。这种饵料鱼大多以浮游动物为生，主要是桡足类和水蚤类动物。其他近湖远洋带的栖息者还有三刺鱼、翠闪岁和黄鱼。表4.9列出安大略所有湖鱼的名称。

鸟类 成千上万的留鸟栖息于安大略湖及其湖滨沿岸。大群的水鸟曾经在湖上尽情享受大量鱼类所提供的美餐。但是它们的数量在20世纪中期由于污染和栖息地减少而下降了很多。重要的水禽种类包括白嘴潜鸟、里海燕鸥、角鸊鷉、野鸭、长尾鸭、双冠鸬鹚、红胸秋沙鸟、小黑头鸥、环嘴鸥、银鸥以及大黑背鸥等。

许多飞行大西洋线路的候鸟把安大略湖当成暂停的地方。数以万计的鸭子、鸽子、燕雀类鸟以及新热带地区候鸟都利用这个湖尤其是它的湿地作为中途停留的地方。

安大略湖的环境问题

安大略湖的生态群落正在遭受不同环境破坏的影响。尽管有些地区已经有了改善，但是令人担心的领域还存在。这些问题主要集中于栖息地尤其是湿地的减少和衰退、养分的污染、生物积累的有毒化学物质的输入以及外来种类的引进。

整个五大湖区域湿地损失是巨大的。以五大湖为边界线的各个州位列所有州湿地损失百分比之首：自从欧洲人定居以来，俄亥俄州的湿地损失了90%以上。伊利诺伊州和印第安纳州分别损失湿地将近90%；威斯康星州和密歇根州已经分别失去了50%以上的湿地。在这片水域，湿地还在继续消失。美国和加拿大政府都颁布了保护法，还有特定地区的湿地恢复，湿地减少的速度在下降。在历史上，湖岸湿地由于各种原因消失或衰退。如湿地用于农业或人类居住、水位上升、外来动植物的入侵以及污染等。

在安大略湖沿岸，225块湿地覆盖着1.7万英亩（约6680公顷）的土地。大多数处于湖泊的东岸。原来加拿大境内沿岸湿地的43%和美国境内沿岸湿地的60%都已消失。湿地对于包括鸟和鱼在内的一些物种来说是非常重要的栖息地，尤其是鱼类会把湿地当成产卵和哺育幼仔的地方。圣路易斯河海道的运转使得安大略湖水位保持平稳，这一点影响了湿地的发展。没有周期性的湖水泛滥或干旱影响了湿地植物群落。湖岸湿地缺少水位变化已经导致香蒲大片繁殖，草庐、各种灌木丛以及具有侵略性的外来物种紫千屈菜也占据了其他地方。与潮汐间的泥滩有关的植物种类已经大部分消失。

另外，一百年间这个湖泊的水位上升了大约5英尺（约1.5米），一些湿地变成了开阔的水域。随着湖水质量的下降和外来物种的入侵，水位改变的结果已经导致原来多样的湿地环境总体简单化。湖泊西岸距汉弥尔顿港不远处的库茨天堂湿地，水生昆虫种类四十年间急剧下降，从1948年的57类（6个目，23科）到1978年的9类（3目，6科），到1995年只剩下5类（2目，3科）。随着这一变化，开阔水域湿地的挺水植物出现了。

养分污染，尤其是过多的磷，使水藻大面积生长，并改变了浮游植物的种类构成。安大略湖有较多的蓝细菌，对食草动物来说，它和硅藻属相比食物价值更低。靠近湖边的地方有过多的水藻。这就减弱了光线的穿透力，降低了透光层的深度，从而减少了大型水生植物的栖息地，进而相应地减少了各类鱼种产卵和养育幼苗的栖息地。

在深水域，尤其是夏季湖水分层期，表水层浮游植物密度的上升降低了透光层的厚度。更重要的是，较多的水藻意味着下层滞水层有更多的水藻分解物，这就使氧含量降低，较低的含氧量使这里没有底栖生物可以存活。

过度捕捞、栖息地消失、污染以及外来物种的引进已经极大地改变了安大略湖聚集的鱼种。现在已灭绝或罕见的鱼种有大西洋鲑鱼、湖鳟、湖鲱、深水加拿大白鲑、淡水鳕鱼、四角杜父鱼、白鲑鱼和蓝湖鲱等。其中，大西洋鲑鱼、湖鳟和淡水鳕鱼过去是数量最大的食鱼动物。深水加拿大白鲑很大程度上是安大略湖特有的，被认为是一个种群——来自于关系密切的一两个祖种的种群。鲑科的这些成员包括白鲱鱼、深水加拿大白鲑、吉伊白鲑、黑鳍白鲑及短嘴白鲑等。据报道，20世纪60年代，在安大略湖中还可捕捉到鲱鱼、吉伊白鲑和短嘴白鲑，但是80年代以后就再也看不到这些鱼了。白鲑鱼被认为在70年代已经消失，但90年代初略有反弹，然后又下降。

片脚类动物数量的下降可促使白鲑鱼减少，因为它是白鲑鱼的主要捕食猎物。

在某些情况下，所有原因一起对物种造成伤害。大西洋鲑鱼向上游支流迁徙，以繁育后代。其繁殖栖息地被沉积物污染，被水坝阻挡并淹没。强大的捕鱼压力是深水白鲑鱼死亡的主要原因。

湖鳟（五大湖标志性鱼）的减少相当大程度上是由于商业活动。当然，增加使用刺网进行过度捕捞是原因之一。但是，由于海七鳃鳗的引入才对湖鳟形成最后一击。海七鳃鳗是一种寄生物，附属鱼类，用一种有研磨作用的舌头锉开一个口子，然后吸食被攻击对象的血液，直到它吃饱了，或受害者死了。

七鳃鳗最初是在20年代被注意到，并开始成为许多大型鱼类死亡的重要原因。七鳃鳗是大西洋的土著。它最初可能出现在安大略湖（五大湖中唯一一个，因为尼亚加拉瀑布形成了对七鳃鳗和其他海洋物种的天然屏障），或者像有些人认为的那样，可能经由哈得孙河和伊利运河进入。不管怎么说，在尼亚加拉瀑布附近的韦兰运河建成之前，它并没有出现在五大湖上游。七鳃鳗的存在加剧了这个湖泊中大型鱼类减少的状况。减少的鱼类不仅包括湖鳟，还有淡水鳕、白鲑鱼，可能还有大西洋鲑。

较大型捕食鱼类的物种的减少，使得被捕食物种大量增加。不幸的是，自产的被捕食物种并没有像有些外来物种那样受益颇多。尤其是鲲状锯齿鲱和虹香鱼曾经在这个湖中占统治地位长达十年。

湖鳟因为管理者施行的咄咄逼人的储存项目和对七鳃鳗控制的项目（策略性使用毒药）而又在安大略湖出现了。然而，在不久的将来，是否能靠自身保持湖鳟数量还令人质疑。因为现在湖中出现了一种特别的污染物——二噁英。它是氯代烃类化合物的名字，被排放到五大湖区域的空气和水中，是工业加工如木纤维漂白的副产品。科学家们最近报告说，一种毒性很大的二噁英（尽管量极小）足以使新孵出的小湖鳟百分之百死亡。所以湖鳟的减少有可能是由于繁殖的失败造成的，不是像人们想象的是因为过度捕捞和七鳃鳗的存在造成的。

四十年来五大湖区有毒污染一直是人们关注的问题，尤其是有些有毒物质长期存在（那些在环境中不能削弱的毒物，或者只是缓慢削弱），湖泊的生态系统在食物网中效率极高地积累和浓缩那些化学物质。一位研究安大略湖的科学家说，如果湖泊管理者确实想要从湖泊中去除有毒物质的话，他们只需要捕捉所有的鱼，然后将它们放入有毒垃圾填埋场。正是在食物网中，高度分散的环境污染物才积累起来。食物网中处于顶端的生物可能是携带毒物浓度最高的。安大略湖中，许多高端生物指的是鸟类。

有毒物质的源头包括城市污水处理厂、工业废水、城市降雨和农业用水。五大湖地区的大气沉降也是一个重要来源，当然安大略湖也不例外。例如，据估计，1998年湖中三分之一的滴滴涕和四分之三的铅是经由大气层进入湖内。安大略湖处于五大湖中最下游的不利位置，因此，尼亚加拉河是有毒物质的主要来源。

许多生物是安大略湖食物网的一部分，尤其是鸟类。它们因为生物积累和生物放大作用而减少。从70年代开始，有些鸟经历了再繁殖失败。它们是环嘴鸥、大黑背鸥、夜鹭、银鸥、燕鸥、里海鸥以及双冠鸬鹚等。体内高浓度的有害物质使其生出的蛋壳很薄，容易破碎，导致胚胎期死亡和畸形率上升。秃鹰就受到类似的影响，并且数量因栖息地的消失而减少。

以湖鱼为食的水獭和水貂也受到影响。受影响的还有鹰嘴龟和一些鱼类，如湖鳟。有迹象表明，甚至那些经常吃湖鱼的人们似乎也受到了影响。有几个研究结果把母亲吃湖鱼和孩子神经发育缺陷联系起来。因此，安大略湖的污染程度现在必须揭开了。

因为人们正在努力降低五大湖有毒化学物质的荷载，有些受影响的物种正在缓慢地恢复，其中最显著的是双冠鸬鹚。但在一些情况下，有毒物质长期存在，并且在食物网和沉积物中停留数十年。尽管人们努力降低有毒物质的产生，阻止有毒物质进入环境中，但是许多有毒物质还在大量使用。据估计，1992年经由大气沉降进入到安大略湖的有害物质，就有3.3万磅（每年约1.5万千克）杀虫剂、93磅（约42千克）的多氯联苯和11万磅（每年约5万千克）的铅，还有很多其他有毒化学物质。未来几十年，安大略湖将成为长期存在的有毒化学物质的汇聚点。

很难说安大略湖最大的环境压力是什么。毫无疑问，持续不断的一系列外来物种的引进可能是候选者。自19世纪以来，180多个物种被引进五大湖区。因为安大略湖是下游湖，进入上游湖泊的物种不可避免地要顺流而下。根据广泛的分类群，外来种类的构成是这样的：61种锥管植物、33种底栖无脊椎动物、26种鱼、26种浮游植物、10种浮游无脊椎动物、10种寄生无脊椎动物、10种病原细菌，以及2种昆虫、2种病原小孢子虫、3种病原病毒、3种底栖阿米巴、2种昆虫、1种自游底栖无脊椎动物、1种体外寄生的无脊椎动物、1种寄生条虫和1种寄生小孢子虫。

外来物种的引进是专业资源管理者们，非专业人士无意的行为，并不是所有外来物种都有问题，安大略湖最贵的外来鱼（供钓鱼者垂钓的）每年都被储存起来。其他有可能被偶然引进的物种并没有形成规模。有一些在食物网中占据一个生态位，但并没有给自产鱼带来问题，但有些对自产物种有很大的损害。这些令人讨厌的水生物种名单很长，其中许多来自里海。正如一个科学家惊叹道，五大湖正在被里海物种取代。表4.9列出了一些安大略湖的外来物种。

五大湖的气候似乎在改变。在过去的一个世纪中，水温稍微上升了一些。一些候鸟与历史上相比来得更早，离开更晚。近几年，气候温度比历史上的最高温度还高。随着全球变暖，这样的变化将持续。

以气候模式为基础的潜在影响令人有些揣测。这些影响包括水量总体的减少、湖泊水平面的降低和湖水温度导致的鱼种构成的变化。尽管还有许多未确定因素，但是气候改变可能会进一步使生态系统紊乱。

很难说安大略湖自产种类的未来是乐观的。这个体系很难被控制，要恢复到最初状态包括最初的物种是根本不可能的，其未来将被托管。其管理者将会不断地介入管理：保存一些物种，用杀虫剂消除其他物种，控制污染物，管理土地使用以及调节水位——这些措施在恢复安大略湖生态平衡和健康状态方面也许会有效。因此，要使安大略湖生态体系对社会有益，我们会面临一个非常艰巨的任务。

表 4.9　安大略湖的外来物种

物种 (引进时间)	起　源	影　响
海七鳃鳗 (1835)	运河	(与其他因素结合在一起) 减少并使自产鱼种灭绝,包括因寄生性掠夺行为而减少的深水加拿大白鲑
灰西鲱 (1873)	钓鱼者释放的鱼饵	因为食物 (浮游动物) 竞争和自产鱼卵以及灰鲱鱼幼苗而导致自产鱼下降
鳟鱼眩晕症病原体 (1968)	非有意释放	在被传染的鱼中死亡率很高
脊椎鱼虫 (1982)	压舱水	因食物竞争而导致的自产鱼和非自产鱼以及甲壳虫动物的食物网改变和减少
欧亚梅花鲈	压舱水	自产鱼种因竞争而减少,尤其是黄鲈、几种闪光鱼、鲑鲈和褐色大头鱼
斑马贝 (1988) 和斑驴贝 (1989)	压舱水	对湖泊结构造成损害;浮游植物的消耗消除了浮游动物的食物来源并且改变食物网;有毒物集中于贝类的排泄物并进入食物网
黑口新虾虎鱼 (1990)	压舱水	自产鱼种因为食物竞争和对鱼苗掠夺而减少,尤其是湖鳟
病毒性出血败血症病原体	未知	被传染的鱼中死亡率很高;生态和商业上影响重要的鱼种

湖泊的保护问题

　　本章重点描述的湖泊不仅代表了不同气候类型范围内 (热带的、寒带的和温带的) 的三个湖泊,也代表了人类影响范围的三个不同侧面。

维多利亚湖是人类活动使生态系统变得极其不平衡的实例。安大略湖的生态系统也是失衡的，与维多利亚湖不同的只是程度问题。贝加尔湖相对古老，但其处于可能滑向生态失衡和污染的边缘，除非环境保护的努力有效。

除了世界上少数几个大湖之外，其余所有湖泊环境质量下降的原因都是人们非常熟悉的：食物网遭破坏、生物多样性消失以及水质量下降。在这背后是特定人类活动和人类活动的间接影响。

对于世界上所有湖泊的生态体系来说，具有侵略性的外来物种的引进都是灾难性的，无一幸免，无一例外。安大略湖外来物种名单很长。与众不同的是，它所接受的科学研究强度很大。相对来说，大多数湖泊都没有被详细研究，最多也只是可能有个外来物种表。但是，工业国家的大多数湖泊却受到如此强烈的科学关注。在非洲、南美和南亚的发展中国家，能够充分确认湖泊中的自产物种就已经不同寻常了，那么自产鱼毫无痕迹地消失就更不足为奇。随着原材料、各种产品和动植物国际贸易的稳步上升（每10~20年成倍增长），引进外来品种的速度不可能下降。虽然这对自产物种来说并不是好消息，但是有些人认为，这对于当地人来说并非没有好处。维多利亚湖失去了好多特有鱼种，但是代替它们的尼罗河鲈鱼却有更大商业价值。同样，安大略湖（由于管理得当，再加上运气好）能够生产供垂钓的鱼来发展日益繁荣的垂钓经济。它们可能不是自产鱼，但大多数垂钓者不会对此抱怨。

从长远角度来说，水污染和水质量下降可能会更严重。但是正如安大略湖所表明的那样，水污染能够（困难地）被控制。湖中磷的载荷已经下降；最主要的植物产量（浮游植物密度反映出来）已经降低并超出了管理者的目标。这主要是因为斑驴贝爆发性的增长。有害物质很复杂：有些通过调节较容易控制，其他的（如汞）即使含量降低，也能长期留在湖泊环境中，并且不容易消除。

最终，全世界都能观察到大气层中温室气体的增加所引起的气候变化。这种变化毫无疑问会影响世界上的所有湖泊。降雨和蒸发速度将改变，从而影响水位、含盐量、结冰范围以及混合条件。物种分布也将改变，这对湖泊生态系统有着不可预知的影响。

词 汇 表①

适应辐射 使亲缘相同或相近的一类动物适应多种不同的环境而分化成多个在形态、生理和行为上各不相同的种，形成一个同源的辐射状的进化系统。

冲积河流 河道被切割穿过冲积层（而不是基岩）的河流。洪泛平原以冲积河为特点。

冲积层 冲积物在河床上的堆积，主要含有卵石、沙砾或黏土。这些都是由流水携带并沉积下来。

溯河产卵 这种鱼在淡水出生并在那儿度过生命的最初阶段，然后迁徙到海洋中度过成年阶段，然后再返回淡水产卵、繁殖。

天文潮/特大潮 地球上海洋受月球和太阳引潮力作用所产生的潮汐现象。

自　养 利用自己制造的有机物来维持生活的营养方式。

底栖的 适合并栖息于水体的底部。

底栖生物 栖息于水体底部的生物。

生物累积 生物通过吸附、吞食作用，从周围环境中摄入污染物，并滞留体内，以致随生物的生长发育，浓缩系数不断增大，这种现象称

① 这是原著者对书中涉及的词语进行的通俗解释，并非严谨的科学解释，译者忠于原文进行了翻译——编者。

为生物积累。

生物浓缩　有害物质在生物体内积聚浓缩的现象。

生物膜　镶嵌有蛋白质和糖类的磷脂双分子层。

生物多样性　某一特定环境中所有生物形式的多样和变化。它通常指的是物种的多样性（有多少不同的物种），但也包含基因多样性和生态体系的多样性。

生物放大作用　生物体从周围环境中吸收某些元素或不易分解的化合物，这些污染物在体内积累，并通过食物链向下传递，使生物体内的某些元素或化合物的浓度超过了环境中浓度的现象。

下海产卵的　迁徙鱼在海中产卵并繁殖，但成年后在淡水中生存。

流量/泄洪量　单位时间内，水在经过河渠或管道某一特定横截面的体积。

可溶有机物　碳水化合物、腐殖酸和其他同类的碳基化合物。可溶有机物来自生物源头，如叶子和土壤有机物。

生态系统工程师　某种生物对生态系统非生物环境有深远影响，从而形成并保持其他生物必须适应的环境条件。例如，泥炭藓降低水的酸碱度，还有海狸，通过筑坝造成池塘和湿地栖息地。我们形象地称之为"生态系统工程师"。

群落交错带　两个生物群落的交界的区域，那里气候和植物类型有渐进变化。

挺水植物　即植物的根、根茎生长在水的底泥之中，茎、叶挺出水面。

特有种/地方种　只在某一特定地区或生态体系出现的物种。这一地区可以小到洞穴系统，大到河流系统，如亚马孙河。

内陆湖　由内陆山区降雨或高山融雪产生的，不能流入海洋，只能流入内陆湖泊或在内陆消失的河流。

欧石楠属植物 灌木植物，属于杜鹃科木本植物，包括蓝莓、白浆果、莓木、月桂树和石兰科常绿灌木。

富营养化 指生物所需的氮或磷等营养物质，大量进入湖泊、河口、海湾等缓流水体，引起藻类及其他浮游生物迅速繁殖。

水流体系 某一河流的平均水流、高水流和低水流的流动形式，包括流量、频率、饱和度以及改变速度。自然的流水动态被科学家们认为对于栖息于河中的土生物种是最佳的条件。水坝、水域持续时间以及人类其他活动改变了河流的流水动态；随着时间的推移，正在改变的气候也会使流水动态产生变化。

源　头 河流网中最上游的部分；没有支流的一阶河流或二阶河流。

异养的 不能直接把无机物合成有机物，必须摄取现成的有机物来维持生活的营养方式。

水位图 表示河流在某一点的单位时间内的水位或流量的图表。

水文周期 湿地中随着水深度定期或季节性改变的模式，包括水的深浅度和水位改变的速度。

静水的 从属于静止或流动缓慢的水生栖息地，如湖泊。

限制因素 如环境因素：光、氧、温度或者是水（水的缺少或者过多会限制某一特定生物的生长）。

大型无脊椎动物 没有脊椎骨的动物。大到不借助显微镜或放大镜也能看到的昆虫幼虫或软体动物。

微生物食物环 食物网或水生生态体系网。

湖泊的混合状态 每年水体垂直混合模式，包括混合的范围、频率和时间。

腐殖土 由腐烂的植物物质以及各类有机垃圾组成的一层混合物。

非点源污染 降雨和雨后进入水体的污染，即污染物经雨水冲刷，并随着流水进入承受的水体。特定污染物的混合能够反映该水域内土地上主要农作物和植被的生长状况。

贫营养的 低营养的。贫养湖以几乎没有水藻、水质清澈及可溶氧含量高为特点。贫养泥沼常常由泥炭藓占主要地位。

雨养湿地 唯一或主要由雨水供养的湿地，某些重要的植物养分很低。

有机氯 含有一个或多个氯原子的有机复合物（碳基）。许多有机氯污染物在环境中具有高持久性，并可能有生物放大作用。

泥　炭 在饱和厌氧的条件下部分分解并压缩的植物体。泥炭可能呈淡褐色或微红色或黑色。当它变干以后，有时被用作燃料，因为它碳含量高。

外围淡水鱼 在淡水中定居的海鱼，或部分时间居住在淡水、部分时间生活在海洋里的鱼。

永久冻土 全年冰冻的土壤层。

更新世 气候变冷，有冰期与间冰期的明显交替。那个时期冰川运动频繁，距今约260万年至1万年。

边滩/点沙坝 蜿蜒的冲击河内侧，由沙和砾石形成的坡度较低的隆起地带。

河　段 从A点到B点的河道长度。

次级淡水鱼 总的来说只生活在淡水，但也能适应有限的盐水的鱼类。这就使它们能够穿过港湾，甚至近岸海水，从一个水域转到另一个水域。

固着的 久性地扎根于或依附于底层。固着生物包括有根的植物和成年贻贝。

灌　木 指那些没有明显主干、呈丛生状态、比较矮小的树木。

物种形成 是演化的一个过程，指生物分类上的物种诞生，即从一个种内产生另一个新种的过程。

演　替　随着时间的推移，生物群落中一些物种侵入，另一些物种消失，群落组成和环境向一定方向产生有顺序的发展变化。

黏　度　以分子间作用力为基础，从而形成阻止水流动的力量的某种物质。